一豆一世界

● 從大豆歷史、食品文化到現代經濟科研

林漢明

著

序一

大豆發源於中國，自古至今已有 5,000 年以上的歷史。大豆籽粒富含約 40% 蛋白質、20% 油脂，還有異黃酮等功能性營養物質。《詩經》「藝之荏菽，荏菽旆旆」，《禮記》「天子居明堂太廟⋯⋯食菽與雞」，《孟子》「聖人治天下，使有菽粟如水火」，《荀子》「君子啜菽飲水」，《戰國策》「民之所食，大抵豆飯藿羹」，說明古代從天子到民眾都以大豆為主食。直至 20 世紀，大豆是中國民眾蛋白質營養的主要直接源泉；近年來，利用大豆為飼料，現代畜禽水產養殖業飛速發展，大豆又成為中國民眾蛋白質營養的重要間接來源。民眾對大豆的直接和間接需求，推動國家要求大力發展大豆產業。

香港中文大學林漢明教授撰著《一豆一世界——從大豆歷史、食品文化到現代經濟科研》，囑為作序，閱後欣然命筆。該書共計六章。第一章通過歷史文獻、考古發現和科學證據，闡述大豆在我國起源的各種說法和依據，追蹤它的歷史發展足跡。第二章介紹由大豆製成的各種各樣食品，其中發酵食品對東亞地區食品文化有著深遠影響。第三章是關於大豆的營養、生態和環境意義，強調它在國家糧食安全和農業可持續發展中的重要作用。第四章分析大豆國際經貿的歷史變化，說明我國為何由大豆最大出口國變成最大進口國、美國大豆產業突飛猛進的原由，指明近年在南美大豆種植的熱潮和衍生的問題。第五章概括了大豆生產面對的各種科學問題，包括如何提高產量、應對逆境，以及克服病蟲危害等科學技術需求和成果。第六章介紹了我國部

分大豆科學研究工作者，說明多代科技人員致力於全國大豆產業的發展，未來更需要新一代大豆科學家接力，實現創新超越。

該書是由大豆科學家撰寫的一本科普性讀物。作者林漢明教授過去20多年一直從事大豆研究工作，是世界大豆基因組研究的主要推手之一，為大豆種質資源和耐逆境研究帶來新的方向。除了高端科研，林教授也十分關心我國農業和大豆產業，多年來穿梭於田間大地，與育種家緊密合作，努力將科學知識轉化為可應用的成果。科學家寫科普性著作的特點是深入淺出、思路廣闊。該書內容包括有大豆的基礎科學知識，大豆生產的發展歷史、食品文化、環境價值、國際經貿和科學技術需求等領域。這些議題的資訊散見在不同的文獻和媒介中，作者通過巧妙的文筆將分門別類的要義載錄、串聯和解釋，形成整體。相信無論是業餘讀者，或是專業人員，都可以在裡面找到有用和有趣味的知識。預期這本著作將激發更多讀者產生興趣去了解大豆的歷史，了解中國古代農民的科學創造，去探討大豆食品的開發，去關心大豆科學技術和大豆產業的發展。

南京農業大學教授、中國工程院院士
蓋鈞鎰

序二

我是漢明在甘肅省的長期合作夥伴，很高興他在百忙中，還能抽出時間完成這本書。作為一個大豆專業科研人員，我也是第一次看到這樣既有專業知識，又有科普趣味和歷史情感的書籍。

大豆是我國古老的糧食作物，我國亦是大豆的起源地，自春秋以來的各個歷史時期，古籍中均有關於大豆特徵特性、栽培技術和應用價值的記述。上世紀初，我國科技工作者開始了大豆區劃、栽培、遺傳、育種、生理等方面的持續研究，在一些領域取得了突破性的進展。這本書從大豆的歷史、大豆與食品文化、大豆的營養及環境價值、大豆在世界貿易中的歷史變遷、科研篇、人物篇娓娓道來，旁徵博引，猶如一桌大豆全席宴，令人酣暢淋漓，餘味未盡。

漢明教授不僅是嚴謹求實的科學家，也是一位具有強烈愛國心的知識分子，他熱愛農業、農村、農民，一直有一個心願，就是把自己的實驗室科研成果應用到西北貧困地區，為廣大農民服務。十多年來我們一塊踏遍了甘肅的山山水水，無論是試驗地，還是農民的田間地頭，在橫跨東西 2,000 公里的黃土高原上留下堅實的腳印，流下辛勤的汗水，也結出豐碩的成果和幸福之花。我們在貧困農民家裡土炕上吃煮土豆、鹹韭菜，同時也給農民送去我們多年選育出的抗旱耐鹽的大豆新品種。在看到農民獲得豐收時露出的幸福笑容、定西 2,000 米海拔的乾旱地區上隴黃 2 號的良好長勢、鹽鹼地中隴黃 3 號的優良表現

時，林教授的心情比他在國際一等期刊發表論文時還要激動！

國家的發展，科學技術是第一生產力，人才培養尤為重要。多年來林教授一直在努力推動國家農業科技普及和技術人員培訓，亦曾參與甘肅地區扶貧工作，並組織香港中學師生到西北考察學習，加深他們對國家農業發展中挑戰和機遇的認識。三年的疫情影響了林教授這方面工作進程，但他一直念念不忘，希望疫情盡快結束，繼續為培育優良大豆和科技工作傳承做出貢獻。

我想用本書的最後一段話作為結尾，這也是林教授的心聲，讓我們共勉：「科學研究是多代人的共同旅程。前人的鋪墊，令這代人走得更遠，所以這代人的努力，亦是為了下一代人可以探索更新更遠的科學疆界。借用胡適在 1934 年在《大公報》發表的文章《贈與今年的大學畢業生》中的一段話，與所有大豆科研工作者共勉：『一粒一粒的種，必有滿倉滿屋的收。成功不必在我，而功力必然不會白費』。」

甘肅省農業科學院教授、2020 年全國先進工作者
張國宏

序三

這本科普讀物是大豆科學家林漢明教授為他所研究的對象所寫的整體介紹，以科學論證為基礎，延伸到其他範疇，探討關於大豆的歷史、文化、科研和對社會的影響，更記錄中國科學家對大豆研究的重大貢獻。其收集的資料廣泛，文字顯淺，作者就好像是一位導遊，引領讀者在大豆的世界中作跨越學科、時空和地域的漫遊。

認識林漢明教授超過 40 年，我們都是新亞書院的校友及現任教職員。自從他在 1997 年完成留美的學習，回到母校任教後，一直從事大豆及農業研究。除了高端的基礎科研，漢明的研究也帶著一份濃厚的人文氣息。

農業是人類糧食的根本，是社會的基礎，大豆這種農作物亦充滿中國歷史感和文化感。除了遊走於實驗室和農田之間，漢明還鍥而不捨地與大學生、中學生甚至小學生分享他那份科學中的人文素養，期望以科學帶動社會的良性改變。

在香港做農業研究殊不容易，道路漫長，資源匱乏，亦難在一般城市人的心中引起共鳴。沒有一份艱險奮進、在困境下迎難而上的情懷，是很難走下去的。

新亞書院校歌中有這幾句歌詞：「艱險我奮進、困乏我多情，千斤擔

子兩肩挑，趁青春、結伴向前行。」新亞學規最後以此總結：「憑你的學業與人格來貢獻於你敬愛的國家與民族，來貢獻於你敬愛的人類與文化。」作為新亞人，漢明的長期堅持和執著，默默耕耘，推動研究成果落地，用於解決國家和全球面對的問題，這與書院提倡的精神是一脈相承的。通過他的言行身教，可以感染年輕的一代，對未來敢去夢想，對世界勇於承擔。

香港中文大學新亞書院院長
陳新安

自序

從事大豆研究四分一世紀，我與這種源起自中國的農作物結下了不解之緣。

由中國非信史時代開始，大豆漸漸進入歷史發展的長河，悄悄融入到中國和東亞地區的人民起居生活之中。對於很多人來說，大豆這廉價農產品很平凡，甚至習以為常得險些忘記了它的存在和價值。但隨著近年世界格局的改變，糧食危機的呈現和對可持續農業的挑戰，大豆這種國際商品的供求，又再引起大眾的關注。

《一豆一世界——從大豆歷史、食品文化到現代經濟科研》這本書，希望讓大家重新認識這種與中國歷史文化、食品科學、世界經濟、糧食安全、可持續環境以及現代科研密不可分的農作物。

記得數年前我出版了兩本散文集，記錄一些教學生涯的心路歷程。中國農業科學院的章琦老師閱讀過後，建議我應該出版一本與自己終身科研志業有關的書。大半年前，我在新亞書院文化講座中以「大豆的歷史、文化與科學」為題做了一場演講，獲在座的香港三聯編輯 Yuki Li 女士邀請寫這本大豆書。

其實當時我的心情是很矛盾的，大學的科研和教學工作繁忙，所以我原本的打算是待退休以後才執筆。能夠提前啟動這項寫作工程，是因

為受了太太的打動。她說，退休以後寫會有點像個人回憶錄，實質意義有限，但現在出版或可以招來更多合作夥伴，甚至是年輕科研人員加入我們的團隊。此外，太太亦負責了有關出版的策劃和聯絡工作，並在內容結構及文字工作上提了許多意見，在她的全力推動下，這書才能成功脫稿。

我是科研人員，對科學部分較有掌握。至於其他部分，我是盡量收集有具體來源根據的內容，但難免仍有錯漏。由於是科普書，我會把深澀的內容簡化，但會盡量保持準確性和完整性。

這本書部分內容主要取材自幾本學術著作，包括科學出版社的《李約瑟中國科學技術史》第六卷第五分冊和《大豆遺傳育種學》、金盾出版社的《現代中國大豆》、中國農業出版社的《中國大豆耐逆研究》等，讀者可以在其中得到更詳細的資訊。香港大學梁其姿教授在有關歷史部分，給了許多寶貴意見；陳淑苹博士審閱了有關大豆食品的部分；中國農業科學院的韓天富研究員幫助校正有關中國大豆專家的內容；鄭曉春女士、香港中文大學的樊善標教授、香港三聯的編輯寧礎鋒先生在文字修飾上給了很大的協助；Katrin 為這書畫插圖；王福玲參與資料搜集；Eos 核對被引用的參考網站；中國工程院蓋鈞鎰院士、甘肅省農業科學院張國宏研究員以及香港中文大學新亞書院陳新安院長三位，以三個不同的角度為這本書寫序。蓋院士是國際大豆界中備

受尊重的科研領袖，為推動中國大豆產業不遺餘力，對筆者亦每多扶持；張國宏研究員是筆者的長期合作夥伴，是成功培育西北耐逆大豆的主力；陳新安院長與筆者同屬新亞書院，在新亞精神中的人文情懷有很大共鳴。藉此機會，向各位一併致謝。

期待這本書能令大眾多認識大豆，也讓我的家人、學生、團隊以及其他認識或不認識我的朋友，了解我為甚麼把科研心力都灌注在這一粒小小的種子之中。

香港中文大學卓敏生命科學教授

林漢明

2022 年 12 月

目錄

序一　蓋鈞鎰　　　　　　　　　　　　004

序二　張國宏　　　　　　　　　　　　006

序三　陳新安　　　　　　　　　　　　008

自序　　　　　　　　　　　　　　　　010

第一章　大豆的歷史　　　　　　　　016

1.1 大豆與中國歷史文化的淵源　　　　020

1.2 中國大豆走向世界的旅程　　　　　033

1.3 大豆的簡單生物學　　　　　　　　035

1.4 中國大豆的栽培區和不同類別的大豆　042

第二章　大豆與食品文化　　　　　　048

2.1 豆飯藿羹、飲水啜菽　　　　　　　052

2.2 鮮食大豆　　　　　　　　　　　　053

2.3 豆油　　　　　　　　　　　　　　056

2.4 豆腐　　　　　　　　　　　　　　057

2.5 窮人的「牛奶」、素食者的「牛奶」　065

2.6 發酵食品　　　　　　　　　　　　068

2.7 製麴　　　　　　　　　　　　　　069

2.8 原粒發酵大豆　　　　　　　　　　073

2.9 中國豆醬、韓國大醬、日本味噌　　080

2.10 醬油與醬園　　　　　　　　　　　084

第三章　大豆的營養及環境價值　094

3.1 大豆的營養價值　098

3.2 大豆的環境價值　108

第四章　大豆在世界貿易中的歷史變遷　124

4.1 現今世界大豆市場的主要持份者　129

4.2 中國大豆生產和需求的歷史變化　132

4.3 美國主導世界大豆的歷程　147

4.4 大豆的森巴王國　160

4.5 阿根廷大豆探戈　166

4.6 國際大豆貿易其他持份者　170

第五章　科研篇　176

5.1 種子技術　180

5.2 積溫、光周期、光合作用　195

5.3 環境脅迫　201

5.4 大豆病蟲害　208

5.5 大豆食品營養改良　226

5.6 大豆共生固氮　231

第六章　人物篇　236

6.1 中國大豆科研的先行者和開拓者　240

6.2「大豆回家」的科研之旅　253

HISTORY OF SOYBEAN

大豆的歷史

1.1 ｜大豆與中國歷史文化的淵源
1.2 ｜中國大豆走向世界的旅程
1.3 ｜大豆的簡單生物學
1.4 ｜中國大豆的栽培區和不同類別的大豆

1

如果要問，大豆是甚麼？有人很快便會回答：是黃豆。但是，大豆不只有黃大豆，還有黑大豆、青大豆及褐大豆等。或許又會有人說：是大顆的豆。然而，大豆其實有不同形狀（例如圓形和橢圓形），也有不同大小，而且大豆是指豆科植物中的一個特定物種，不是隨便一款豆科植物的大粒種子。

大豆作為食品的用處多不勝數，除了用來製造白豆漿的黃豆，黑豆漿的黑豆，我們在日本餐廳吃到外形飽滿、口感扎實的枝豆和發酵製成的小粒納豆，以至亞洲家庭經常吃到的大豆芽、豆豉、豆腐、豆油、豆醬及豉油等，都是大豆的產品。

大豆更在 1940 年進入了國際期貨市場，成為國與國之間的重要經濟商品，近年甚至被牽進了貿易戰。

至於環境價值，種植大豆一方面可以減少氮肥使用，是有助紓緩碳排放的環境友善農作物，但另一邊又可能加劇巴西熱帶雨林的砍伐。

追源溯始，大豆是源自中國的重要農作物，一直見證著從古至今不同時代中國歷史的變化。在這一章，我們會先從大豆在中國的歷史作為全書的起點，利用古代文獻、考古和現代科學的佐證，追尋大豆的源起與發展足跡。如果將大豆在中國黃河流域、東北以至南方的種植歷史，放進今天中國大豆的種植版圖，我們便會發覺其種植範圍在不斷地擴張與延伸。黃河流域既充滿漢文化，亦有豐富的大豆歷史；東北則是現代中國大豆的主產地，但在古代卻屬於少數民族聚居地，沒有大規模的大豆種植，東北大豆起飛是在清皇朝建立後，讓漢人前往東北開墾耕種的結果，這部分在第四章會詳述。

為了讓讀者認識這麼重要的大豆，本章亦會介紹大豆的生物特徵和馴化為農作物時的主要變化，亦會加插與大豆命名相關的小故事，以顯示科研工作者鍥而不捨的求真精神。

1.1 | 大豆與中國歷史文化
的淵源

原始人類原是逐水草而居的遊牧部族，靠狩獵動物和採摘野生植物為生。人類農業活動約在公元前 10,000 年的新石器時代開始，當時的先民開始把野生動物馴化，並挑選適合與人類共處及對人類有幫助的動物讓牠們繁殖，後來成為了貓、狗、牛、羊、豬、雞及鴨等禽畜和家養動物。

農業活動最重要的環節是種植農作物。新石器時代人類發明了簡單工具，可以把泥土挖開，方便把原來野生植物的種子作人為種植和篩選，經過長期的馴化過程，變成可以提供穩定糧食的農作物。農耕活動讓人類聚居並停留在耕種土地的附近，因此可以留下歷史和發展文化，較充足的糧食也令人口增加，形成較龐大的家庭和社會系統，亦衍生了能領導人群的領袖。

我們日常用作食品和飼料的大豆，可以稱為栽培大豆，它是先民從野生大豆馴化而來的，適合在農田中生產。目前的證據認為現代栽培大豆很可能是源自中國，並在很早期便傳到韓國和日本，後來才陸續流傳到世界各地。因此，大豆與中國的歷史和文化，具有很深厚的關係。

要追尋一種農作物的起源，主要會從三個方向入手：歷史文獻、考古證據，以及科學研究。

有關「菽」字和「豆」字

大豆在中國古籍早有記載，稱為「菽」[1]。

「菽」字的由來，有不同的觀點。漢代許慎在《說文解字》中說：「尗，豆也。象尗豆生之形也。」清代段玉裁的《說文解字注》進一步補充：「重言尗者、著其形也。豆之生也。所種之豆必為兩瓣。而戴於莖之頂。故以一象地。下象其根。上象其戴生之形。式竹切。三部。今字作菽。」所以一般相信「菽」字可能是源自「尗」，「尗」表述豆生長的形象（Box 1.1）。有一種說法認為「尗」後來變成「叔」字，形象上是用手拾取「尗」，因為「叔」後來用作名字和稱呼父親的弟弟，於是在「叔」上又加上「⁺⁺」，成為「菽」字。著名的古文字學家于省吾更認為在商代甲骨文中，便已經有「尗」字的初文，這個觀點有支持者，亦有質疑者。

但近代文學家傅東華在《字源》中認為許慎有誤，「尗」字在西周文中實為「叔」的省形，而古書亦有借「叔」作「菽」的例子。有關「菽」

Box 1.1

「菽」字演化

參考資料來源：http://qiyuan.chaziwang.com/pic/ziyuanimg/E88FBD.png

字的源頭，還需留待古文字學者考證和論述。

至於「菽」字早在古代文獻中有所記載，並代表今天我們認識的大豆，這點是沒有異議的。

另外，古文中的「豆」字，原來是指一種專門盛肉並在祭祀時用的器皿（Box 1.2）[2]。用「豆」字取替「菽」字，雖然在戰國時代可能已經開始，但是要到了漢代才普及。至於為何「豆」會取代「菽」字呢？有一種推論是從戰國開始，周禮逐漸被遺忘，因此也不再需要用作祭祀的禮器「豆」，於是乾脆把「豆」字用來表示大豆。在《三國演義》中有一個大家都很熟悉的故事，講述曹植七步成詩，雖然是否確有其事還是有所爭議，但詩中的「豆」字已經是指我們今天認識的大豆：「煮豆燃豆萁，豆在釜中泣。本是同根生，相煎何太急？」

Box 1.2

「豆」字演化

按互聯網資訊重繪：https://baike.baidu.hk/item/ 豆 /30235

歷史文獻中的大豆

《史記·五帝本紀》中提到軒轅黃帝與炎帝作戰:「軒轅乃修德振兵、治五氣、藝五種、撫萬民、度四方」。其中「藝五種」的意思是種植黍、稷、稻、麥及菽等糧食。因此,大豆在非信史年代可能已經被華夏先民種植。

種植和食用大豆,在周代時便開始盛行。《詩經》是中國最早的詩集,收集了西周初年到春秋時代中期華夏民族在各地的詩歌,當中有多次提到菽。《豳風·七月》是一首描述古代農民生活的詩歌,把農民每個月要完成的任務一一羅列,其中有「七月烹葵及菽」,意思是在古曆七月時可以烹煮冬莧菜和大豆來吃。《小雅·小宛》中有「中原有菽,庶民采之」,《小雅·采菽》中亦有「采菽采菽,筐之筥之」,讓我們想像到當時人們收集大豆,然後用不同形狀的器皿盛載的情景。

大豆也被寫進中國古代的神話裡面,《大雅·生民》記載周人始祖后稷的誕生和成長,后稷原來姓姬名棄,剛出生便被棄在街道上,但他得到路過的牲畜保護養育,後來再被棄到森林中,又獲得樵夫照顧。詩中提到「蓺之荏菽,荏菽旆旆。禾役穟穟,麻麥幪幪,瓜瓞唪唪」,意思是后稷能夠種出茁壯的大豆、美好的禾苗、旺盛的麻麥,以及果實纍纍的瓜。西漢司馬遷著《史記·周本紀》裡面提到帝堯任命棄為農師,有功封為后稷,是負責農事的官。漢代有人把后稷和另一位主掌農事的神話人物稱為稷神。

《周禮》是在西漢成書的一本記載周代官制的書籍,在東漢時再由鄭玄注,唐代賈公彥疏後成為《周禮注疏》。在《周禮·天官·籩人》中也有提及食用大豆:「糗餌粉餈。」鄭玄注引漢鄭司農的解釋:

「糗，熬大豆與米也；粉，豆屑也。」

此外，古代文獻亦記錄大豆在中原以外的地區出現。《逸周書》中記載周滅商後，當時在燕山山脈以北至呼倫湖一帶（在現今東北，包括吉林省）生活的「山戎」部落，向中原的周天子獻上「山戎菽」。能夠作為貢品，可見對他們來說應該是十分重要的物產。《管子・戒》中亦有：「北伐山戎，出冬蔥與戎菽，布之天下。」這段文字描述春秋時代齊桓公討伐山戎，獲得了冬蔥和大豆，並將它們向各地傳播。這些文字記錄說明大豆在中國東北有很悠久的歷史。

大豆在中國南方的歷史，可見於南方楚國的古籍《楚辭・大招》：「五穀六仞」和《楚辭・招魂》中的「大苦鹹酸」。五穀包括大豆，「大苦」可能是當時的豆豉。東漢時成書的《越絕書・計倪內經》亦有提到大豆的貿易：「丁貨之戶曰稻粟，令為上種，石四十。戊貨之戶曰麥，為中物，石三十。己貨之戶曰大豆，為下物，石二十。」說明在春秋時代末期江南一帶的越國，已有大豆貿易。

大豆與中國的孝道與治國，亦扯上了關係。

中國有個成語「菽水承歡」，意思是雖然貧寒仍不忘孝道。這成語源自《禮記・檀弓下》：「子路曰：『傷哉貧也。生無以為養，死無以為禮也。』孔子曰：『啜菽飲水，盡其歡，斯之謂孝。』」這是孔子教訓弟子子路，貧窮不要緊，能用大豆和水來供養父母，便已經盡了孝道。

《孟子・盡心上》有「聖人治天下，使有菽粟如水火」；《墨子・尚賢中》有「是以菽粟多而民足乎食」；《管子・重令》有「菽粟不足，末生不禁，民必有饑餓之色」。可見在春秋戰國時代，大豆和小米便是

主要糧食，要解決人民溫飽，從而治理天下，便要種好大豆和小米。

從以上各種古代文獻中的記載，足以說明大豆很早便在中國先民中種植流傳，而且一直在人們的生活中扮演很重要的角色。

考古發現

Box 1.3

中國古代出土大豆地點

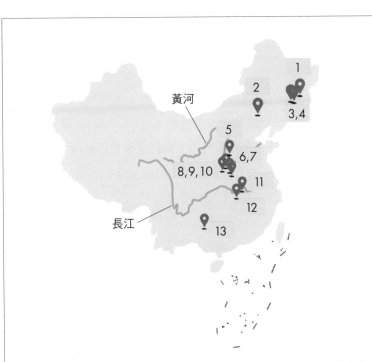

1 黑龍江省寧安縣大牡丹屯和牛場遺址
2 內蒙古自治區赤峰市興隆溝遺址
3 吉林省永吉縣烏拉街遺址
4 吉林省永吉縣烏拉街鄉附近的
　沼澤地「大海猛」
5 山西省侯馬市東周遺址
6 河南省洛陽西郊燒溝村漢墓
7 河南省洛陽皂角樹二里頭文化聚落遺址

8 陝西省扶風周原王家嘴文化遺址
9 河南省禹州瓦店龍山文化遺址
10 河南省舞陽縣賈湖遺址
11 湖北省江陵縣鳳凰山漢墓
12 湖南省長沙市馬王堆漢墓
13 廣西省貴縣羅泊灣漢墓

在歷史的長河中，有許多人類文明會因為各種原因消亡，被塵土所掩埋。先民進入農業社會後，群族在一個地方定居，便會留下聚居點的痕跡。考古學家通過挖開表面土層，在更深土層中尋找古代文化的蛛絲馬跡，有些時候在考古層的下層又會出現更古老的文化遺蹟。此外，古墓亦是保留歷史橫切面的重要地點，從陪葬物品中，可以窺探當時人民的生活情況。

大豆的考古研究集中在漢代或更早的時期，研究人員的目的是追溯大豆最早是在何時及何地成為中國的農作物。中國的非信史時代（三皇五帝傳說）是在公元前 21 世紀之前，屬新石器時代。公元前 21–17 世紀為夏代，公元前 17–11 世紀為商代，公元前 11 世紀 – 公元前 771 年為西周，公元前 770–256 年為東周，東周間經歷春秋（公元前 770–476 年）和戰國時代（公元前 475–221 年），夏、商、周，包括春秋戰國時代是青銅器鼎盛期，鐵器最早在春秋時代出現。在短暫的秦（公元前 221–207 年）和西楚（公元前 206–202 年）之後，便到了漢代（公元前 202– 公元 220 年）。

在中國的黃河流域、東北和南方都有人類的早期文化遺址。在這三個地區相繼出土古代大豆[3]，再次證明大豆與中國各地文化演化的緊密關係。大豆是很難長時間保存的，所以上古年代的出土大豆多為碳化大豆。

在黃河流域曾有不少出土古代大豆的報導。1980 年開始，考古隊伍在河南省舞陽縣賈湖遺址中發現大量農具，在出土種子中有野生大豆[4]，賈湖遺址屬於黃河中游地區新石器時代裴李崗文化[5]。裴李崗文化年代約為公元前 5,600– 公元前 4,900 年，相信當時的先民是採用種植、收集、狩獵和捕撈的混合生產模式，甚至會在田裡種植小米和在

家裡養豬。野生大豆可能是在附近收集回來食用的。

此外，在陝西省扶風周原王家嘴文化遺址和河南省禹州瓦店龍山文化遺址，都找到大豆。周原是周文化的發祥地，亦是周人在滅商前的聚居地[6]。王家嘴文化遺址屬於仰韶文化，仰韶文化集中在黃河中游地區、甘肅省與河南省之間，屬於新石器時代中期，跨越公元前5,000– 公元前 2,700 年。龍山文化[7]屬新石器時代晚期，分佈在黃河中下游，又名「黑陶文化」，約在公元前 2,500– 公元前 2,000 年。

黃河流域大豆的馴化，應該是大約在新石器時代晚期到二里頭文化時期。二里頭文化時期是指以中原地區為核心，從新石器時代跨越到青銅器時代早期的那段日子，覆蓋河南省全境以及部分的山西省、安徽省、湖北省和陝西省，時間跨度為公元前 2,100– 公元前 1,700年[8]。1992–1993 年間，河南省洛陽市文物工作隊在洛陽皂角樹二里頭文化聚落遺址，找到屬於夏代中晚期的古代大豆，出土的有野生大豆，亦有一些大小介乎野生大豆與現代栽培大豆之間的樣本，是迄今在中國出土的最早期栽培大豆[9]。

1959 年在山西省侯馬市東周遺址發現了戰國時代的大豆，種子重量估計與現代栽培大豆相若，在這次挖掘行動中獲得了少量未碳化大豆，對考古研究十分有幫助。1953 年在河南省洛陽西郊燒溝村漢墓中的陶製糧倉內亦發現大豆，陶倉內有用朱砂寫著的字：「大豆萬石」[10]。

考古的發現與上文古代文獻的記載是一致的，所以從夏代或更早時期開始，黃河流域一帶的華夏農業文明便離不開大豆。

另一個碳化大豆出土的熱點地區是中國東北。上世紀 50-60 年代相繼在東北的黑龍江省寧安縣大牡丹屯和牛場遺址，以及吉林省永吉縣烏拉街遺址中發現約 3,000 年前的古代大豆，說明東北在甲骨文時期可能已經收集或種植大豆，這也和上文提到居於吉林一帶的「山戎」部落曾向周王進貢「山戎菽」的歷史吻合。

到了 80 年代，考古工作者再在吉林省永吉縣烏拉街鄉附近的沼澤地「大海猛」掘出古代大豆種子，屬於現代東北地區秣食大豆類型（飼料用類型），文物科學保護研究所鑒定該批樣本約源自春秋時期。「大海猛」遺址屬於西團山文化 [11]，西團山文化主要位於吉林省，是在青銅器時代中，有別於中原主流文化發展的東北特有文化，時間跨度從西周初到秦漢，這文化時期的居民以農業為主，亦有畜牧、捕撈及採摘等活動。

此外，2001-2003 年中國社會科學院考古研究所在內蒙古自治區赤峰市興隆溝遺址發掘，在夏家店下層文化遺址中發現距今 3,500-4,000 年的古代大豆 [12]。夏家店下層文化屬於青銅器時代，年代跨度為公元前 2,000- 公元前 1,500 年，分佈在遼河上游和燕山一帶 [13]。這些發現顯示大豆在中原以外地區亦有悠久的歷史。

中國南方出土大豆主要是在漢墓群中發現的，包括湖南省長沙市馬王堆漢墓、湖北省江陵縣鳳凰山漢墓及廣西省貴縣羅泊灣漢墓等 [14]。

栽培大豆起源的不同論說

前蘇聯生物學家瓦維洛夫（Nikolai Vavilov）（Box 1.4）提出作物起源中心學說，這個學說是以達爾文的進化論為基礎，認為在一個擁有某

種農作物及其近緣野生品種最豐富生物多樣性的地區，最有可能是該農作物起源的中心[15]。簡單可以這樣理解：因為生物多樣性豐富，便更容易出現適合馴化的品種，給先民篩選、保留和栽種，因而成為該作物的起源地。瓦維洛夫指出的世界八大作物起源中心包括：中國中心、喜馬拉雅中心、地中海中心、埃塞俄比亞中心、中亞中心、亞洲次中心、中美洲中心，以及南美洲中心[16]。中國中心位於中國中部及西部的山區，瓦維洛夫認為大豆可能源自中國中心。

Box 1.4

瓦維洛夫與瓦維洛夫種子庫

瓦維洛夫是前蘇聯的植物學家和遺傳學家，提出農作物起源中心的理論，影響深遠。基於這個理論，種子資源收集便有了方向，在瓦維洛夫帶領下，前蘇聯成立了世界第一個大型種子庫，位於列寧格勒（即現今聖彼得堡），收集世界各地種子。二戰時希特拉納粹軍圍困列寧格勒長達 28 個月，種子庫工作人員寧願餓死亦不食用庫存的種子，希望為戰後人類農業重建保留希望。瓦維洛夫因為信奉達爾文進化論，與前蘇聯政治理念相悖，1940 年被秘密逮捕，1943 年因營養不良死於獄中，年僅 55 歲便英年早逝。

現代中國大豆基於地域可以簡單分成三大組群：東北大豆、黃淮海（黃河、淮河及海河流域一帶）大豆以及南方（長江流域及以南）大豆。這些大群組的分佈，與考古研究的發現是一脈相承的，只是大豆的版圖擴展得更大。東北有東北平原，黃淮海有黃淮平原（華北平原），都是農業生產的重要地區。栽培大豆究竟是單一起源，

還是有多個源頭？這一直是學術界關注的議題 [17]，東北、黃河流域和南方都有可能是大豆的起源地，不同學者有不同論述。

大豆亦在華夏農耕文化中有悠久的歷史。考古學家在中原地區和黃河流域曾發現最古老的出土大豆，所以該處很有可能是大豆的起源地。通過研究野生大豆的分佈，日本學者永田忠男在上世紀 50 年代末期得出大豆起源自中國北方和中部的推論，後來中國學者在研究中國野生大豆籽粒性狀遺傳多樣性及地理分佈時，也支持大豆起源自中國北方和黃河流域一帶的說法，並提出中國東北為第二中心，這結論與一些長期研究大豆的美國學者的看法是一致的 [18]。

1978–1985 年中國進行了為期七年的全國野生大豆考察 [19]，範圍由北緯 53°28'（黑龍江省漠河鎮）–18°（海南省崖縣）；東經 134°20'（東部沿海島嶼）–85°（西藏吉隆縣）。發現野生大豆在北緯 30°–45°最多，類型最豐富；東部分佈較西部多，特別是松遼平原和黃河流域一帶。野生大豆的分佈，支持黃河流域及中國東北都有可能是大豆作物起源中心。

在現代基因研究中，黃河流域起源論再獲得新證據的支持。在大豆馴化的過程中，野生大豆演化成中間狀態的半野生大豆，然後再演化成栽培大豆。相對東北大豆和南方大豆，黃淮海大豆滲入了較多來自野生大豆的基因。此外，科研人員利用基因分子標記，研究部分收集到的大豆樣本，發現黃淮海大豆品種的生物多樣性，比東北大豆和南方大豆更豐富。利用數學模型推算，大豆基因的流向是從黃淮海大豆流向東北大豆，再流向南方大豆。這些證據支持大豆起源於黃河流域，後來才傳到其他地方 [20]。

但是，亦有學者曾經發表大豆起源自中國東北的論說，這個說法最早是由日本學者福田在上世紀 30 年代時提出的，上文亦提到有美國和中國學者認為東北是大豆第二中心 [21]。福田的主要論據是在中國東北有很多半野生大豆；在歷史文獻中，亦有世居於中國東北的山戎部落向周王獻「山戎菽」的記載。但是，在生物多樣性的考量方面，包括分子標記和等位酶的研究，都顯示東北大豆的生物多樣性比黃淮海大豆要低 [22]。

還有一點要注意的是，中國東北有豐富的野生大豆資源，鄰近的韓國和日本除了擁有野生大豆，亦曾經有報導幾千年前的大豆出土 [23]，而且有一些研究指出，韓國和日本傳統栽培大豆的基因與中國栽培大豆有相當的差異 [24]，所以在中國東北及相鄰的地區，會否存在另一個大豆起源中心呢？然而，近年一個大型大豆基因組測序研究，分析了來自不同國家的野生及栽培大豆 [25]，顯示現代栽培大豆的馴化是來自單一來源的，這研究又好像否定了大豆曾在其他地方起源的可能性。這個問題在下文會再討論。

古代文獻記載，春秋時南方的越國和楚國都有食用大豆的歷史，但中國南方出土的大豆，主要是在湖南、湖北和廣西的漢墓群，未有比這更早的考古發現，而且南方野生大豆數量亦不及黃河流域和東北，那是甚麼證據令到有科學家相信中國南方也是大豆起源中心之一呢？大豆是短日照植物，意思是在日短夜長的情況下成熟開花。研究發現長江流域及其以南地區的野生大豆對日照長短最敏感，即是保持了更強的原始性。有一種說法是南方原始大豆由於對日照長短最敏感，屬於晚熟型（即需要更長時間才成熟），它可能是各地栽培大豆的共同祖先，然後從南向北擴展時演化出各種早熟類型 [26]。

以上研究大多數是利用現代收集回來的大豆種子資源來進行分析的，但在年代久遠的日子，有些大豆會從一個地方因為人員流動而轉移到另一個地方，又有一些大豆會被淘汰消失，所以令到溯源的工作很困難。有一個新的假設認為原來大豆有幾個作物發源地，曾經進行低度的大豆種植，後來從其他作物中心引入了馴化後的栽培大豆，當地野生大豆和初級馴化大豆逐漸被淘汰、消亡，或是融入從外引進的大豆群組之中。這種複雜起源理論 [27]，可以用來解釋為甚麼韓國和日本都有大豆可能曾經在當地起源的考古證據，但基因組分析數據卻指向現代栽培大豆源頭是單一來自中國。如果進一步演繹這理論，中國東北和南方或許曾經是大豆發源地，但當中原及黃河流域種植大量大豆，發展成主要中心後，部分大豆傳入中國東北和南方，漸漸在當地生根，取代原來的大豆，於是基因組研究便更偏向中國栽培大豆是單一源頭，可能來自黃淮河流域的結論。

1.2 中國大豆走向世界的旅程

除了中國，韓國和日本這兩個東北亞國家與大豆文化亦密不可分。不少人相信大豆是從中國傳到韓國和日本的，但韓國和日本亦有學者認為他們國家的栽培大豆是由當地野生大豆馴化而成的。最近有了大量的基因組證據，都指向現代大豆是單一起源自中國的，如果引用上文提到的複雜起源理論，即是說在日本和韓國曾有來自當地的低度栽培大豆發展，但當來自中國的栽培大豆傳入後，原來的大豆被淘汰或融入新的大豆群體中，這理論似乎更能解釋目前掌握的數據。

中國和韓國無論是地緣或文化，關係都是很密切的。這種關係可以從春秋戰國時代便開始，因為春秋時代的儒家文化，很早便在韓國生根，漢字也在韓國使用，直至 1443 年世宗大王下令改用「諺文」，才逐漸取締漢字，變成現今的韓文。在這頻繁交流的悠長歲月，在中國發展蓬勃的栽培大豆，很有可能傳入韓國。

由於歷史久遠，大豆何時由中國傳入朝鮮半島和日本，有不同的說法[28]。綜合了各方的討論，筆者較相信中國大豆約於公元前 3 世紀（戰國時代）從華北引進朝鮮，再由朝鮮傳到日本。而日本南方的大豆，則有另一途徑傳入，大概是在公元 3–6 世紀經海路從中國到達的。公元 5–6 世紀是中國南北朝時代，亦是佛教的鼎盛時期。到 6 世紀末，是日本飛鳥時代，佛教在當地興起。估計當佛教開始從中國傳入

日本時，有可能把用作素食的大豆一起傳入。從日本歷史上看，大豆種植記錄從 6 世紀開始亦較為明確。

隨著人民之間的交流，大豆和豆製食品也相繼從中國傳入東南亞，大都是先傳入豆製食品，後來才傳入大豆耕種。最早在東南亞種植大豆的國家是印尼和菲律賓，最早文獻記載約在 17 世紀後期。大豆種植其後在 18–19 世紀期間傳入越南、新加坡、緬甸、泰國等國家，以及南亞的印度 [29]。

至於中國大豆傳入歐美 [30]，則主要是在 18 世紀。歐洲國家語言中的大豆一字，例如英文（Soya）、法文（Soja）、德文（Soja）、西班牙文（Soja）及拉丁文（Soy）的發音，都類似「菽」，間接佐證當地大豆最早源自中國。一戰和二戰如何影響美國和歐洲大豆的應用與發展，與起源地中國如何互動，這些議題在後面有關大豆經濟的第四章會再探討。

1.3 | 大豆的簡單生物學

大豆的拉丁學名由來

現代生物學將大豆分類為真雙子葉植物，豆目，豆科，蝶形花亞科，大豆屬，大豆亞屬，再分為栽培大豆 *Glycine max* (L.) Merr. 和一年生野生大豆 *Glycine soja* Sieb. & Zucc. 兩個亞種。

植物學家為甚麼要花那麼多氣力去命名動植物呢？如果只從字面義看，大豆這個常用中文名字所描述的只是大顆的豆，那麼許多豆都會符合這個定義，在不同地區找到的「大豆」，便可能不是同一種物種。為了避免產生歧義，科學界對動植物的命名是很講究的，會使用由兩個字組成、不會重複的拉丁學名，例如現代人類的學名是 *Homo sapiens*，*Homo* 和 *sapiens* 的拉丁文意思分別是人和有智慧。

仔細理解大豆的學名，會知道更多背後的歷史故事。在目前的生物學分類中，栽培大豆和野生大豆是屬於兩個遺傳非常接近的亞種，拉丁學名分別為 *Glycine max* (L.) Merr. 和 *Glycine soja* Sieb. & Zucc.[31]，究竟這兩個拉丁名字有甚麼意義呢？

Glycine（大豆屬）這名詞最早是由瑞典植物學家林奈（Carl Linnaeus）

提出，字源是希臘文的 *glykye*，即甜的意思。在後來不同的植物學家努力下，大豆屬經過許多修訂和重組，現代植物學分類再將大豆屬分為多年生 *Glycine* Willd. 和一年生 *Soja* (Moench) F.J. Herm 的兩個亞屬。栽培大豆和野生大豆都歸類在一年生的 *Soja* 亞屬之下。

林奈在 1753 年把栽培大豆錯誤歸入菜豆屬，引起了一段長時間的命名和分類混亂。最後美國植物學家 Elmer Drew Merrill 把栽培大豆歸入 *Glycine* 屬，學名亦修訂為現今科學界公認的 *Glycine max* (L.) Merr.，當中包括了林奈的「L.」和他自己的名字「Merr.」，從這例子看出，科學家既是為了真相鍥而不捨地爭論，但又同時尊重每位同行的努力。至於「*max*」一字在拉丁文是「大」的意思，可能是用來形容栽培大豆的種子大於一般其他豆科種子。

野生大豆的學名是 *Glycine soja* Sieb. & Zucc.，是由兩位德國植物學家 Philipp Franz Balthasar von Siebold 和 Joseph Gerhard Zuccarini 在 1845 年共同命名的，所以學名中有他們兩人的名字。兩位科學家是在研究日本大豆的過程中發現野生大豆的，但是 soja 這個字的發音其實是源自中國文字「菽」，有關「菽」字的歷史在上文已經介紹過了。

大豆的生物特徵

大豆是一年生的豆科植物。豆科植物是除了禾本科植物外，人類最重要的食物來源 [32]。它的主要特點是有豆莢，根部形成能進行固氮作用的根瘤，而且有特殊的花形。豆莢是植物的果，裡面的種子是我們吃的豆，我們平常吃到的大豆、花生、蠶豆、豌豆、紅豆、綠豆、四季豆及豆角等等，都是豆科植物。

Box 1.5

大豆蝶形花

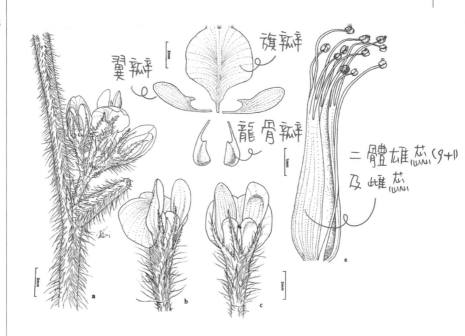

著名植物學家胡秀英教授讓她的學生繪畫，然後贈予作者留念，文字標籤是後來加上的。

豆科植物的根部會與土壤中的根瘤菌產生共生作用，植物根部會形成根瘤，讓根瘤菌居住，並向它們提供養分，根瘤菌在根瘤內進行固氮作用，將空氣中取之不盡的氮氣轉化為有機氮物質，運輸到植物各部位，用來合成胺基酸、蛋白質、核酸及葉綠素等重要生物分子。有關大豆固氮作用對於可持續農業的重要性，我們在後面有關大豆價值的章節中會詳細討論。

大部分食用豆，包括大豆，都屬於豆科植物中的蝶形花亞科，擁有獨特的蝶形花[33]。蝶形花一般擁有一片旗瓣、兩片翼瓣和兩片龍骨瓣（Box 1.5）。

與其他利用昆蟲授粉的花朵一樣，蝶形花有蜜腺及顏色鮮艷的花瓣來吸引昆蟲。蝶形花的特殊結構亦有助昆蟲傳粉：旗瓣用來保護和吸引昆蟲；翼瓣用來支撐、保護以及作為昆蟲停留的平台；龍骨瓣包著雌蕊和雄蕊。當昆蟲登陸花朵時，翼瓣和龍骨瓣向下移動，利用反彈力幫助授粉[34]。通過昆蟲作為媒介授粉，可以增加異花受粉的機率，即是通過昆蟲將花粉從一朵花帶到另一朵花，從而提高該植物物種的生物多樣性。

栽培大豆擁有蝶形花，結構上符合利用昆蟲授粉的需求，但它卻是典型的自花授粉植物，即是在同一朵花內用自己雄蕊製造的花粉向雌蕊授粉，並不依賴昆蟲。好處是較有把握成功授粉，保障下一代的繁衍，缺點是降低生物多樣性，以及難以在大豆生產中利用雜交優勢。

有研究多年生豆科植物的學者指出，*Glycine argyrea* (Tind.) 和 *Glycine clandistena* (Wendl.) 這兩個野生種有兩種花，一種是閉花授粉（授粉時花朵關閉），另一種是開花授粉（授粉時花朵打開），後者的異花

Box 1.6

大豆生長周期

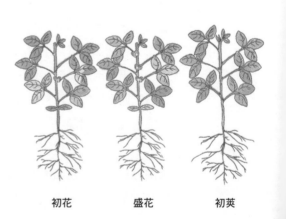

| 出苗 | 子葉 | 第一片三複葉 | 第二片三複葉 | 初花 | 盛花 | 初莢 |

營養生長期

參考資料來源：https://www.bookstore.ksre.ksu.edu/pubs/MF3339.pdf

授粉率達 40-96%。在另一個研究中，發現一年生野生大豆的天然異花授粉率平均約為 13%，但栽培大豆則只有 1%。因此，從多年生野生豆科植物，到一年生野生大豆，再馴化為栽培大豆的過程，是一種向著嚴格閉花授粉的演化 [35]。

大豆的生長周期

大豆是一年生植物，意思是它會在一年之內完成從一顆種子種出下一代種子的整個過程 [36]（Box 1.6）。種子萌芽後，首先破土而出的是一對子葉，再生長出兩片真葉，之後再長出來的葉便是三出複葉（一片複葉中包含三片小單葉），在開花前的營養生長階段，植物處於幼苗期。花芽開始分化後，植株便進入繁殖生長階段，經過剛開始出花的初花期，到大片開花的盛花，花朵會陸續長出豆莢，豆莢長到一定大小後，裡面的種子便會累積養分，開始鼓脹，此時為鼓粒期。當豆莢內的種子完成生長，豆莢和種子便進入成熟期，慢慢失去水分，形成新一代的種子。

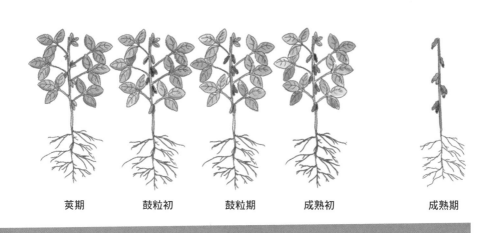

莢期　　　　鼓粒初　　　　鼓粒期　　　　成熟初　　　　成熟期

繁殖生長期

大豆馴化相關的主要特徵

馴化是人為干預演化的過程，從原有的野生資源中選取適合人工栽培、人為利用的類別，然後在農田大量種植。野生大豆要適應在野外環境生長，栽培大豆則在田裡由人類耕種，兩者面對的環境很不一樣。因此，野生大豆保留較原始的特質[37]，與馴化後的栽培大豆有不少性狀都不同，以下舉一些例子說明。

野生大豆的生長目標是生存、繁衍以及佔據更多的棲息地。因此，野生大豆採用無限型結莢方式，即是成熟後一直開花結莢，直至生長期結束，整棵植物衰亡。種子多但籽粒小且輕，每株野生大豆在一個生長期內可以長出大量種子，這特性方便野生大豆利用大量後代來增加生存機會和進佔更多棲息空間。栽培大豆由野生大豆中人為選擇出來，有和野生大豆一樣的無限結莢型（大豆不斷生長和結莢），但也有方便收割和減少倒伏的亞有限結莢型和有限結莢型（大豆成熟後會停止繼續生長和結莢）。相對野生大豆，栽培大豆種子量較少但籽粒較大且重，易於收藏和食用。

野生大豆是蔓生的，如果旁邊沒有其他植物，可以匍匐在地面橫向生長蔓延。即若遇到其他粗壯的植物，野生大豆也能依附攀爬向上生長，這樣較易避免被屏蔽，可以見到陽光。現代栽培大豆要配合收割，甚至是機械收割，所以直立的大豆會被保留下來，反而直立能力不足的大豆會因為倒伏而減產。

野生大豆的豆莢成熟後會裂開，讓種子散落到離開母株更遠的地方，增加生存機會和棲息空間。這樣的特性不利於農民收種，因為種子散落到地上，要花很多人手去收拾。於是農民選擇保留裂莢率低的大

豆，成了後來栽培大豆的特性之一。

野生大豆種皮（種子的表皮）多為黑色或深色，也有其他不同顏色的。但人類在馴化大豆時選擇了漂亮的黃色大豆，所以現在很多人稱大豆為黃豆。但其實這黃色只是黃豆種皮底下的子葉顏色，因為黃豆在這馴化的過程中，已失去製造種皮色素的基因功能。

有些野生大豆種皮上有泥膜，樣子不好看，種皮也較厚和硬，要磨皮才能萌芽，這些特性都是為了保護種子。栽培大豆一般光澤較好，較美觀，種皮也較薄，增加萌芽率來便利種植。

此外，馴化過程中還有許多肉眼看不到的改變。例如因為大豆可以用來榨油，於是人們選擇了油分較高的變種，所以栽培大豆一般含油量較野生大豆高，但因為種子內的營養多用來造油，蛋白質便相對較野生大豆為低。

1.4 | 中國大豆的栽培區和不同類別的大豆

有一個很實際的問題，中國可以在甚麼地方種大豆呢？要回答這個問題，首先要明白中國的地形、積溫區和熟制。所謂積溫，是某地區10°C以上的日子的平均氣溫總和，要有足夠的積溫才能有收成。至於熟制，在同一片土地上，每年能種植和收成多少次稱為熟制，有一年一熟、一年兩熟或一年三熟等。為了善用土地，有些地方會用兩年三熟，例如在中部地區（如淮河流域），可以先種春季作物，收成後種冬小麥，明年收成冬小麥後種夏季作物。在積溫豐富的熱帶，除了用一年三熟，也有採兩年五熟制，種些不同種類的農作物。

中國主要積溫區包括：一年一熟的高原氣候區（積溫 <2,000°C）、寒溫帶（積溫 <1,600°C）和中溫帶（積溫 1,600–3,400°C），兩年三熟或一年兩熟的暖溫帶（積溫 3,400–4,500°C），一年兩熟的亞熱帶（積溫 4,500–8,000°C），以及一年三熟的熱帶（>8,000°C）。

要有好的收成，必須掌握農作物的生長特性，包括不同品種對環境條件、日照長短及氣溫等的適應性，然後設定栽培區和種植模式。換一個角度，栽培區是根據農作物生長特質和適應性而逐漸形成的。中國大豆按播種和種植季節，可以分為較普及的春大豆和夏大豆，以及南方才有的秋大豆和冬大豆。

中國大豆主產區

中國早期的大豆栽培區劃分是由大豆專家王金陵提出的，共分為五區：春作大豆區、夏作大豆冬閒區、夏作大豆區、秋作大豆區及大豆兩種區[38]。這個系統沿用多年亦經過多次修改。目前的栽培區則基本上根據大豆專家蓋鈞鎰的建議而劃分，共分為六個栽培區和十個亞區（Box 1.7）[39]，以下有關栽培區的描述，主要內容摘自大豆專家胡國華編的《大豆節本增效綜合生產技術》一書。

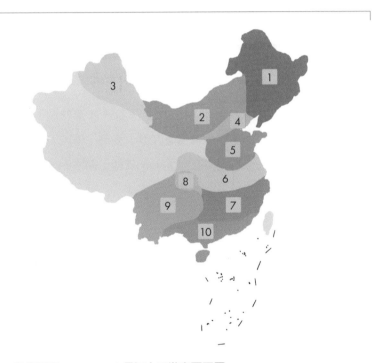

Box 1.7

中國大豆主要栽培區域

1 東北亞區　　　　6 長江中下游春夏豆區
2 華北高原亞區　　7 東中南亞區
3 西北亞區　　　　8 四川盆地亞區
4 海河流域亞區　　9 西南高原春夏豆區
5 黃淮亞區　　　　10 華南熱帶四季豆區

參考資料：汪越勝和蓋鈞鎰（2000）大豆科學 19(3):203-209

北方春豆區位於寒冷地區，大約在北緯 40–50°，基本上是一年一熟。地域覆蓋黑龍江、吉林、遼寧、內蒙、寧夏、河北、山西、陝西、甘肅和新疆的北部地區。北方春豆區再劃分為三個亞區：東北亞區、華北高原亞區以及西北亞區。其中東北地區的大豆生產佔全國約四成。

黃淮海春夏豆區是另一個大豆主產區，位於黃淮流域一帶，大約在北緯 34–40°，基本上是一年兩熟。現在一般種夏大豆，春大豆較少。夏大豆是等到上一季種植的農作物收成後才種植的。以往這地區曾組有兩年三熟春大豆，把大豆、冬小麥和其他作物如玉米在兩年內輪替種植。地域覆蓋北京、天津、河北、山西、陝西、山東、河南、安徽（淮北）、江蘇（淮北）以及甘肅南部等。黃淮海春夏豆區再劃分為兩個亞區：海河流域亞區（北面）和黃淮亞區（南面）。黃淮平原的大豆生產佔全國約三成。

長江中下游春夏豆區大約在北緯 29–33°，採一年兩熟制，春、夏大豆都有，但以夏大豆為主。地域覆蓋江蘇、安徽（淮南）、湖北、陝西（漢中盆地）、浙江（新安江以北）、江西（鄱陽湖以北）、湖南（洞庭湖以北）及四川（東北盆周山地）等。

中南春夏秋豆區大約在北緯 25–29°，採一年三熟制或二年五熟制，以春豆和秋豆為主。地域覆蓋浙江（新安江以南）、江西（鄱陽湖以南）、湖南（洞庭湖以南）、福建（福州以南）、廣東和廣西（南嶺區域）以及四川盆地等。中南春夏秋大豆區再劃分為兩個亞區：東中南亞區和四川盆地亞區。

西南高原春夏豆區大約在北緯 25–29°，雖然與中南春夏秋豆區同一緯度，但地勢較高及溫度較低，採一年兩熟制，以春豆為主，亦有夏

｜一豆一世界｜ 第一章　大豆的歷史

豆。地域覆蓋四川（西南盆周山地、川西高原）、廣西（西北）、湖南（西部高原）以及雲貴高原等。

華南熱帶四季豆區大約在北緯 19-23.5°，有些地方整年都沒有霜，四季皆可以種植大豆。地域覆蓋福建（福州以南）、廣東和廣西（南嶺以南）、雲南（南部）等。

不同種類的大豆

農民要分辨不同的大豆，最初只是靠肉眼觀察 [40]。雖然一般人認識的大豆籽粒是黃豆，其實大豆有不同顏色，如黑大豆、青大豆及茶（褐）大豆等，還有兩合色類；籽粒呈圓形（長寬相差 1 毫米以內）、橢圓（長寬相差 1.1-1.9 毫米以內）、長形（長寬相差 2 毫米以上）或扁形（長寬相差 2.5 毫米以上）；亦可按不同大小分為大粒種、中粒種和小粒種。此外，幼苗色、花色、莢茸毛色、臍色、子葉色及結莢習性等，都是分辨的指標。

以生產的角度，除了一般產量好的大豆外，還有一些特別受關注的品種，例如高油大豆、高蛋白大豆及特別用途的菜用鮮食大豆等。在中國，新品種大豆審批除了產量外，還制定了特別用途的大豆的國家和地區標準 [41]。

大豆油是北方主要食油之一，所以高油大豆一般用來榨油，榨油後的豆粕可以用來做飼料。至於用來製作其他食品或食品加工，如豆漿、豆腐及豉油等，則需要高蛋白質大豆。但是高油和高蛋白質大豆的分別，一般人是無法用肉眼區分的。

我們在日本餐廳裡經常會見到的「枝豆」（在中國叫「毛豆」）是菜用鮮食大豆。菜用大豆一般選擇籽粒大的品種，種植後要等到豆莢鼓粒、種子飽滿，但還是青綠色未成熟的時候收成。

黑大豆也是大豆一種，種皮黑色，可以食用，也有藥用價值。它的黑顏色由花青素而來，花青素是抗氧化物質，所以有一定的食療作用，因此近年也流行黑色食品，如黑豆漿等。

至於日本的「納豆」是經過發酵的大豆，會用小粒大豆品種做原材料。此外，做鮮食大豆芽菜用的大豆，亦是以小粒為佳。

有關大豆食品的歷史，會在下一章介紹。

註

1　有關「菽」字和「豆」字：http://qiyuan.chaziwang.com/etymology-8055.html（最後瀏覽：2022 年 10 月 25 日）；http://wxs.swu.edu.cn/s/wxs/index54/20200901/4181603.html（最後瀏覽：2022 年 10 月 25 日）

2　同上

3　大豆出土考古概況：王連錚 (1992)《大豆遺傳育種學》（王連錚、王金陵編）第一章，科學出版社；郭慶元 (2007)《現代中國大豆》（王連錚、郭慶元編），金盾出版社；王連錚 (2007)《現代中國大豆》（王連錚、郭慶元編）第二章，金盾出版社；劉興林 (2016) 考古學報 4:465-494；周昆叔等 (2003)《中國最早大豆的發現》

4　賈　湖　遺　址：http://www.kaogu.cn/html/cn/xueshuziliao/shuzitushuguan/zhuanyelunwenjian/yjs/2013/1025/31903.html（最後瀏覽：2022 年 10 月 25 日）

5　裴李崗文化：https://zh.wikipedia.org/wiki/ 裴李崗文化（最後瀏覽：2022 年 10 月 25 日）

6　周原遺址：https://baike.baidu.hk/item/ 周原遺址（最後瀏覽：2022 年 10 月 25 日）

7　龍山文化：https://zh.wikipedia.org/wiki/ 龍山文化（最後瀏覽：2022 年 10 月 25 日）

8　二里頭文化：https://zh.wikipedia.org/wiki 二里頭文化（最後瀏覽：2022 年 10 月 25 日）

9　洛陽皂角樹二里頭文化聚落遺址：洛陽市文物工作隊編 (2002)《洛陽皂角樹》第九章，科學出版社

10　同註 3

11　西團山文化：https://baike.baidu.hk/item/ 西團山文化 /7418563（最後瀏覽：2022 年 10 月 25 日）；https://baike.baidu.hk/item/ 大海猛第一期文化遺址 /53200631（最後瀏覽：2022 年 10 月 25 日）

12　興隆溝遺址發掘：袁靖 (2016) 南方文物 3:175-182

13 夏家店下層文化：https://zh.wikipedia.org/wiki/ 夏家店下層文化

14 同註 3

15 瓦維洛夫學說和世界八大作物起源中心：Nikolai Vavilov (1951) 《The Origin, Variation, Immunity and Breeding of Cultivated Plants.》 The Chronica Botanica Co., Waltham and Stechert-Hafner, Inc., New York

16 同上

17 大豆起源討論概況：Eric J. Sedivy 等 (2017) New Phytologist 214:539-553; Bingrui Sun 等 (2013) American Journal of Plant Sciences 4:257-268; 王連錚 (2007)《現代中國大豆》（王連錚、郭慶元編）第二章，金盾出版社

18 有關中原和黃河流域是大豆起源中心的討論：T. Nagata (1959) Proceedings of the Crop Science Society of Japan 28:79-82; T. Nagata (1960) Memoirs of the Hyogo University of Agriculture, Agronomy Series 4:63-103; T. Hymowitz (1970) Economic Botany 24(4):408-421; 徐豹等 (1995) 作物學報 21(6):732-739; Ying-Hui Li 等 (2010) New Phytologist 188:242-253

19 中國野生大豆考察：莊炳昌編 (1999)《中國野生大豆生物學研究》第一章，科學出版社

20 同註 18

21 有關中國東北是大豆起源中心或次中心的討論：Y. Fukuda (1933) Japanese Journal of Botany 6:489-506; T. Hymowitz (1970) Economic Botany 24(4):408-421; 徐豹等 (1995) 作物學報 21(6):732-739; Ying-Hui Li 等 (2010) New Phytologist 188:242-253; 許東河等 (1999) 應用與環境生物學報 5(5):439-443

22 同上

23 韓國和日本的大豆考古研究：Gyoung-Ah Lee 等 (2011) PLOS ONE 6(11):e26720; H. Obata (2011)《Jomon Agriculture and Paleoethnobotany in Northeast Asia》, Doseisha, Tokyo; H. Obata 和 A. Manabe (2011) In:《Current Research on the Neolithic Period in Japan and Korea: Proceedings of the 9th Conference of the Korean Neolithic Research Society》, pp1-30

24 韓國和日本的大豆基因組研究：J. Abe 等 (2003) Theoretical and Applied Genetics 106:445-453; H. Xu 等 (2002) Theoretical and Applied Genetics 105:645-653

25 302 種野生及栽培大豆基因組研究：Zhengkui Zhou 等 (2015) Nature Biotechnology 33(4):408-414

26 有關南方是大豆起源中心的討論：王金陵等 (1973) 遺傳學通訊 3:1-8; 蓋鈞鎰等 (2000) 作物學報 26(5):513-520

27 大豆複雜起源理論：Eric J. Sedivy 等 (2017) New Phytologist 214:539-553

28 中國大豆傳入韓國和日本：趙團結和蓋鈞鎰 (2004) 中國農業科學 37(7):954-962; 張秋英和大崎滿 (2001) 大豆科學 20(3):227-230; T. Nagata (1959) Proceedings of the Crop Science Society of Japan 28:79-82; T. Nagata (1960) Memoirs of the Hyogo University of Agriculture, Agronomy Series 4:63-103; R.J. Singh 和 T. Hymowitz (1999) Genome 42:605-616; http://www.zys.moa.gov.cn/mhsh/202105/t20210513_6367666.htm（最後瀏覽：2022 年 10 月 25 日）

29 中國大豆傳入東南亞：William Shurtleff 和 Akiko Aoyagi (2010)《History of Soy and Soyfoods in Southeast Asia (13th Century to 2010)》Soyinfo Center

30 中國大豆傳入歐美：William Shurtleff 和 Akiko Aoyagi (2007)《History of Soy in Europe (Incl. Eastern Europe and the USSR (1597-Mid 1980s)》Soyinfo Center; William Shurtleff 和 Akiko Aoyagi (2004)《History of Soy in the United States 1766-1900》Soyinfo Center

31 大豆拉丁學名的由來：T. Hymowitz 和 C.A. Newell (1980)《Advances in Legume Research》251-264 頁; T. Hymowitz 和 C.A. Newell (1981) Economic Botany 35(3):272-288; William Shurtleff 和 Akiko Aoyagi (2004)《The Soybean Plant: Botany, Nomenclature, Taxonomy, Domestication, and Dissemination》 Soyinfo Center

32 豆科植物：D. Talukdar (2001) 《Brenner's Encyclopedia of Genetics》 (Stanley Maloy 和 Kelly Hughes 編) 2nd ed., 4:212-216

33 蝶形花：黃利春等 (2014) 生態學報 34(19):5360-5368

34 同上

35 豆科植物授粉演化：孫寰編和趙麗梅 (2005)《吉林大豆》（孫寰、王彥豐等編）第四章，吉林科學技術出版社

36 大豆生長周期：https://www.bookstore.ksre.ksu.edu/pubs/MF3339.pdf（最後瀏覽：2022 年 10 月 25 日）; 邱麗娟和常汝鎮編 (2006)《大豆種質資源描述規範和數據標準》，中國農業出版社

37 野生大豆性狀：W. Li 等 (2021) Agronomy 11:586

38 中國大豆栽培區：王金陵 (1943) 農報 8(23):282-286; 汪越勝和蓋鈞鎰 (2000) 大豆科學 19(3):203-209; 胡國華等編 (2013)《大豆節本增效綜合生產技術》第一章，中國農業出版社

39 同註 37

40 大豆特性與分類：孫醒東和耿慶漢 (1952) 植物分類學報 2(1):1-19

41 中國大豆檢測標準：王鳳忠和李淑英編 (2021)《大豆及其製品標準體系》，中國標準出版社

SOYBEAN AND FOOD CULTURE

第二章

大豆與食品文化

2.1 │豆飯藿羹、飲水啜菽

2.2 │鮮食大豆

2.3 │豆油

2.4 │豆腐

2.5 │窮人的「牛奶」、素食者的「牛奶」

2.6 │發酵食品

2.7 │製麴

2.8 │原粒發酵大豆

2.9 │中國豆醬、韓國大醬、日本味噌

2.10 │醬油與醬園

食品文化與社會歷史發展，往往是緊扣在一起的。大豆作為中國主要的食品原材料，也和中國的社會歷史環環相扣。

大豆曾是春秋戰國時代的主糧，但大豆作為主糧有兩個主要的缺點。其一是大豆必須烹煮後才可以食用，因為大豆種子含有反營養物質，在高溫下才能令它失活。其二是大豆的澱粉含量低，有些低聚糖亦較難消化，所以不是提供熱量的最佳選擇。但大豆種子有優質的蛋白質和油分，除了可以直接食用，更多是製成各種加工食品。

漢代以後，北方的主糧逐漸變成以高熱量小麥製成的麵條為主。而隨著漢代及其後的朝代版圖向著較溫暖的南方發展，原來在長江流域種植的水稻亦向北方推進，所以高熱量的水稻亦成為了中國的主糧。

與此同時，大豆漸漸被視為雜糧，或是在戰亂時期用來備荒，或是種植來養地，因為大豆在很貧瘠的土地上都可以種植。此外，漢代發明了石磨，令到大豆食品更加多樣化。在歷史的潮流中，大豆衍生出各種具地方風味的豆製食品以及發酵食品，成為很具特色的食品文化。

這種大豆食品文化從 2,000 年前便從中國傳到韓國和日本，所以當地也各自發展出具有傳統特色的豆食品。其後大豆食

品文化亦向東南亞和其他地區傳播，成為了亞洲飲食文化的重要組成部分。到了近幾個世紀，大豆和大豆食品傳到歐洲及美洲等地，豆腐和醬油等食品儼然成了中國和亞洲食品的代表。

現代大豆食品可以分作兩大類[1]：非發酵和發酵大豆食品。非發酵大豆食品包括菜用大豆、大豆芽、大豆苗、大豆仁、豆粉、豆油、豆渣、豆腐及腐竹等等，是人們日常的食材；發酵大豆食品只有納豆和天貝是日常食材，其餘大部分有高鹽分和其他輔料，主要用作調味料，例如豆豉、腐乳、豆醬及豉油等。近年亦有人用豆奶取替牛奶，用乳酸菌發酵製造大豆乳酪，作為大豆的另類食品。

這一章會介紹一些大豆食品的歷史概況，因為年代久遠，有些史實只能根據文獻或網上資料予以比較整理，但未能一一核實。由於需要取捨，所以文中會以中國內地的發展為主線，雖然有涉獵一些其他國家，但未能作更廣泛探討。

為了呈現大豆食品與不同年代的社會千絲萬縷的關係，文中亦會穿插一些相關的小故事，例如孔子教導學生飲水吃豆粥也可以盡孝道、孫中山把豆腐寫進他的《建國方略》、日本侵華戰爭如何促成香港豆奶、古代製麴的神秘色彩，以及醬油為甚麼曾被稱為 Catch-up 等。

2.1 | 豆飯藿羹、飲水啜菽

在漢代以前，雖然已經有記載近代人們經常食用的稻和麥，但小米、黃米和大豆才是當時較普及的食物，大豆是一般平民的食品。西漢劉向編訂的《戰國策‧韓策一》中寫到：「韓地險惡，山居，五穀所生，非麥而豆。民之所食，大抵豆飯藿羹。」戰國時代的韓國在今山西南部及河南北部，一般平民會把大豆用煮飯的方法來烹煮，亦會吃大豆的葉（藿）。西漢陸賈的《新語‧本行》中亦有：「夫子陳蔡之厄，豆飯菜羹不足以接餒。」描述孔子落難於陳國和蔡國（今河南省和安徽省一帶），也曾吃過豆飯。後世把豆飯比喻成生活清苦時粗淡的食物，在南宋陸游詩《初冬有感》中便寫到：「一簞豆飯休嫌薄，賦分羈窮合自知。」

除了當成「飯」來吃，古代也會把大豆煮成類似粥的食物。《禮記‧檀弓下》中提到：「孔子曰：啜菽飲水，盡其歡，斯之謂孝。」《荀子‧天論》中也有：「君子啜菽飲水，非愚也，是節然也。」啜是一種很特別的食物攝取方法，介乎食與飲之間，估計當時有一種烹煮方法是把大豆煮成比較稠的豆粥。因為有了孔子的教訓，「啜菽飲水」、「菽水承歡」等詞語在後世便有了雖貧寒亦能盡孝道的意思。例如清代吳敬梓《儒林外史》第八回中有：「晚生只願家君早歸田里，得以菽水承歡，這是人生至樂之事。」然而，豆飯和豆粥在現代已經不再出現在一般家庭的餐桌上，因為已經被更容易烹煮、更高熱量的米飯和米粥所替代。

2.2 | 鮮食大豆

大豆苗

鮮食大豆就是指直接食用大豆，一般是把大豆當做蔬菜來食用。上文提到「豆飯藿羹」的「藿」便是大豆的葉，此外，《詩經‧小雅‧白駒》中亦有「皎皎白駒，食我場藿」，說明在古代的時候，無論是人和動物，都有食用大豆葉的記載。然而，現今我們一般食用的豆苗，是豌豆的苗，用大豆長成的大豆苗雖然也是很有營養的食物，但食用並不如豌豆苗般普及。

近年新興一種食物叫微菜苗（microgreens）[2]，亦是營養豐富的食物，大豆可以用來製造大豆微菜苗。大豆微菜苗是介乎大豆芽與大豆苗之間的一個生長期，是當子葉張開，第一對真葉剛生長出來的小幼苗。微菜苗方興未艾，相信仍有發展的潛力。

大豆芽

除了吃葉片，將豆科植物鮮食的方法，還包括吃豆芽。

黃豆芽在古代是用作藥物的，在《神農本草經》內稱為黃卷，不過生長期應該較食用的豆芽為短，而且是發芽後曬乾才應用。《神農本草

經》在秦漢時期成書，原書已失傳，清朝孫星衍將《神農本草經》考訂輯復。根據此書，藥分為三品：無毒上品為君，小毒中品為臣，劇毒下品為佐使。大豆黃卷屬中品藥，「味甘，平。主濕痺，筋攣，膝痛」。大豆黃卷作藥在後來不少醫書都有提及，如東漢張仲景《金匱要略》、明代李時珍《本草綱目》、倪朱謨《本草彙言》等[3]，主要用途是解表祛暑，清熱利濕。

中國以豆芽為食品的最早記載是在宋代。南宋林洪撰寫的《山家清供》內提到一道菜叫「鵝黃豆生」，即是黃豆芽。

現代豆芽的製作一般是將種子放在暗處但通氣的器皿中發芽，每天要噴水數次以保持種子濕潤。食用時整個豆芽都會吃掉，豆芽頂部是還沒有張開的子葉（原是種子的一部分），中間飽滿的部分是下胚軸，底部幼小的才是幼根。許多豆科種子都可以用來造豆芽，最常用的是綠豆芽及大豆芽，但亦有芸豆芽、扁豆芽、豌豆芽、小豆芽以及鷹嘴豆芽等。中國南方主流是吃綠豆芽，中國北方則以大豆芽為主。

製作大豆芽只需要五至七天，而且全年可供應。有研究發現，與其他豆芽一樣，大豆芽的營養價值比種子時期的要高很多[4]。原因是當種子萌發時，會將儲存在種子的多糖、蛋白質及油脂等大分子分解，變成較易吸收及消化的短肽、胺基酸、單糖和脂肪酸等小分子；同時亦會減少原來在種子內會導致脹氣的寡糖，降低影響人類消化的胰蛋白酶抑制劑以及阻礙礦物質吸收的植酸含量。大豆種子萌芽亦會增加各種維生素的合成，所以，研究顯示大豆芽的礦物質與維生素都遠比大豆種子高。

枝豆與毛豆

日本的枝豆（edamame）及中國的毛豆，都是很受歡迎的小食。除了吃它的味道和口感，有人特別享受把籽粒從豆莢中擠出來吃的感覺，甚至還認為可以減壓。枝豆和毛豆其實是菜用鮮食大豆的不同名稱，在豆莢仍然是綠色和柔軟、種子飽滿翠綠但還未完全成熟和脫水時便收成。

究竟是中國人還是日本人首先食用菜用鮮食大豆呢？這個問題還未有一個確切的答案[5]。《神農本草經》內提到「生」大豆：「生大豆，塗癰腫，煮汁飲，殺鬼毒，止痛。」但這種大豆是藥用的，而且「生」大豆是指未煮熟還是未成熟的大豆，仍有待考據。枝豆一詞，首先出現在創立日本佛教宗派「日蓮宗」的日蓮大師的來往書信內，這封信上的日期是 1275 年 7 月 26 日，裡面寫的是感謝朋友高橋留下的枝豆。1406 年，明代朱橚寫成了《救荒本草》一書，裡面有食用豆苗、鮮大豆和豆粉的描述。至於毛豆一詞，最早出現在 1620 年明代周文華寫的《汝南圃史》一書。菜用大豆傳入美國，則是 19 世紀的事了。

現代人對菜用大豆品質的要求越來越高，所以大豆育種人員都開始培育新的菜用大豆品種，「亞蔬－世界蔬菜中心」在這方面做了不少工作，亦提供了幾個重要的指標，供其他育種家參考[6]。品質方面的要求包括：粒大（百粒重不少於 30 克）、莢大、粒多（每莢兩粒或以上）、莢和種子收成時綠色、茸毛少且呈灰色、臍色淺。此外，由於有部分消費者不喜歡「豆腥味」，而脂氧酶是令大豆種子脂肪氧化，導致「豆腥味」的主要原因，所以亦有育種計劃旨在消除脂氧酶。

所以，當我們吃到美觀鮮味的枝豆和毛豆，其實裡面蘊含了農民的悉心照顧和科研人員的努力。

2.3 豆油

現代我們常用的食油有玉米油、花生油、芥花籽油、橄欖油、麻油、棕櫚油及大豆油等，其中只有大豆是源自中國的農作物。中國最早期的食用油是來自各種各類的動物的 [7]。《周禮‧天官冢宰》中記載：「凡用禽獻：春行羔豚，膳膏香；夏行腒鱐，膳膏臊；秋行犢麛，膳膏腥；冬行鱻羽，膳膏膻。」說明在不同季節要將不同的動物油獻給天子。漢以前的植物油主要用來製作布料，西漢張騫出使西域回來後引進了出油率高的胡麻，當時主要用作點燈，在三國時代甚至用作縱火攻城。

植物油的廣泛食用要到宋代 [8]。大豆在宋代時被廣泛種植，大豆油亦有一定的應用，但當時其他植物油可能更被廣泛使用，例如麻油和菜籽油便是當時最受歡迎的食用植物油，反而有關大豆油的記載不多，可能是與榨油方法未盡完善有關。到了明代，宋應星在他的著作《天工開物‧中篇‧膏液》中寫道：「凡油供饌食用者，胡麻、萊菔子、黃豆、菘菜子為上，蘇麻、蕓薹子次之，茶子次之，莧菜子次之，大麻仁為下。」可見到了明代，大豆油已在中國被廣泛食用，因人們認識到大豆油是優質食用油。

近年大豆油穩佔世界植物油總量的 28–29%，因它不含膽固醇且富含非飽和脂肪，詳細的營養價值會在第三章討論。目前中國是最大的大豆油用家，然後是美國和巴西。在第一次世界大戰期間，大豆油也曾成為歐洲的食用油，我們在第四章會再提到。

2.4 | 豆腐

豆腐緣起

坊間流傳，豆腐是西漢淮南王劉安，在煉長生不老丹時意外發明的。豆腐由劉安首創這說法有兩個主要證據，其一是宋代朱熹有一首《豆腐詩》：「種豆豆苗稀，力竭心已腐，早知淮南術，安坐獲泉布。」意譯為：即使費盡心力，田裡的豆苗仍然種得不好，要是早知道淮南王做豆腐的方法，就能輕鬆賺錢（當時貨幣為泉布）了；其二是《本草綱目》中指出：「豆腐之法，始於漢淮南王劉安。」

豆腐始於漢代這說法曾經引起過一場論爭，在黃興宗著的《李約瑟中國科學技術史》第六卷第五分冊中做了頗詳細的記載（Box 2.1）[9]。

唐末以前的文獻基本是沒有用豆腐一詞的，最早的文字記載可能是在五代十國時的《清異錄》：「時戢為青陽丞，潔己勤民。肉味不給，日市豆腐數個。邑人呼豆腐為小宰羊。」大意是有一位清官，只吃豆腐不吃肉，當地人因此稱豆腐為小宰羊，這個別名也一直流傳下來。

《清異錄》的記載將豆腐歷史從宋代推到唐末，在這以前可能沒有豆腐一詞，而是以其他別名取代。學者們繼續鍥而不捨地尋找豆腐始於漢代的證據，在 1959-1960 年間，河南省考古隊在位於密縣打虎亭的東漢墓中找到一幅石刻壁畫，其中一幅的場景與李時珍所描述農村

Box 2.1

《李約瑟中國科學技術史》

《李約瑟中國科學技術史》原為英文著作 History of Science and Technology in China，由英國學者李約瑟（Joseph Needham）主編、國際學者參與撰寫的系列，共有七卷，記錄古代至近代的中國科學技術發展，是中國科技發展史的經典作品。二戰時期，李約瑟在重慶任中英科學合作館館長，協助中國科學家在西方科學雜誌發表研究成果。二戰後他繼續從事研究並推動《李約瑟中國科學技術史》系列的發表。第六卷第二分冊農業、第三分冊農產品加工業和林業、第五分冊發酵與食品科學，詳述了中國農業和食品技術的演變。李約瑟思考中國科技問題時，提出了著名的「李約瑟難題」：「既然中國古代對人類科技發展做出了很多重要的貢獻，為甚麼科學和工業革命沒有在近代的中國發生？」放諸現今世代，仍然是一個發人深省的問題。

的豆腐製作過程十分相似，唯獨是欠了煮漿這重要過程。李約瑟團隊做了個實驗，發現未煮過的豆漿加入凝固劑後仍然可以沉澱，但品質遠不如今天的豆腐，他們相信漢代應該有豆腐的雛形，並在後世中改良。

豆腐到了清代，已經是十分普及的食品，在潘洪鋼寫的文章中，引經據典地提到了許多清代豆腐的故事 [10]。無論是皇室重臣，或是平民百姓，都有食用豆腐，但不同的烹調方法，卻令豆腐的身價大大不同。乾隆皇和慈禧太后的飲食清單中都有燉豆腐，清宮廷食品中亦有豆腐數量的規定，例如皇太后每天可以享用豆腐二斤。傳說中亦有康

熙帝賜老臣豆腐和豆腐食譜的佳話，至於公卿重臣和富貴人家，都發明了五花八門的豆腐製作方法。至於在平常百姓家中，亦衍生了不同地方和民族特色的豆腐食品文化。

多姿多彩的豆腐相關製品

現代的豆腐製造技術已經很普及，在一般食品店都能生產，主要的步驟包括浸泡、磨豆、隔渣、煮漿、二次隔渣、點滷、凝固及壓榨等步驟（Box 2.2）。

Box 2.2

豆腐製作流程

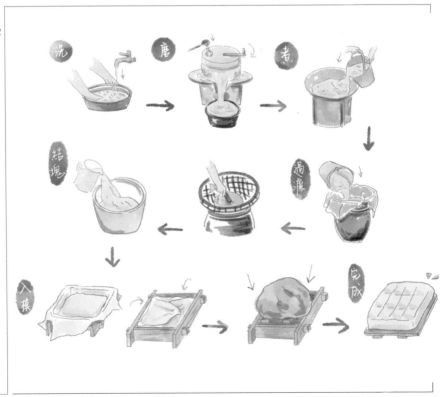

豆腐的主要成分是通過點滷過程後凝固沉澱的大豆蛋白，用不同方法去凝固和壓榨，會產生不同效果，製造出不同種類的豆腐[11]。

中國南方豆腐一般會用石膏（硫酸鈣）來凝固，石膏本身是一種常見的礦物，用石膏點滷製造的豆腐含有較高的鈣質，而中國北方則多用鹽滷（主要是氯化鎂）作為另一種點滷物質。在日本，鹽滷有時會通過蒸發海水獲得。為了降低成本，某些地區甚至直接用新鮮海水來做鹽滷。

此外，還有一種利用天然有機酸 D– 葡萄糖酸 – 內酯（Glucono-delta-lactone）的凝固法，可以造出內脂豆腐。市面上的嫩滑絹豆腐，有些是用這種凝固法再加上硫酸鈣一起製作的，在食品標籤中會注明有內脂和硫酸鈣。近代食品工業更會應用蛋白酶（如木瓜蛋白酶）來做快速凝固劑，可以造出快凝豆腐等產品。

簡單而言，豆漿蛋白剛凝固後，未經壓榨的產品是豆腐花，經壓榨去水便成了豆腐。含水量較多，質地柔軟的是軟豆腐（嫩豆腐），特別細膩的有日本的絹豆腐。含水量少，質地較硬的是硬豆腐（老豆腐），以及日本的木綿豆腐。完全脫水的是豆腐乾。用多層布料將豆腐花包裹，壓榨成的薄片叫「千張」，風乾的豆腐稱為豆腐乾，油炸小塊豆腐而成的是豆腐泡。將硬豆腐放進冰箱冷凍後再解凍，稱為凍豆腐，因為內部呈蜂巢狀，可以較好吸收湯汁和醬汁。凍豆腐的製作，原來早在清代便有提及，清代學者朱彝尊在《食憲鴻秘》中描述了在冬天把豆腐放在水內，讓豆腐結冰，這樣可以洗去豆腥味，冷凍後再解凍的豆腐，會形成小蜂巢形狀。

豆腐的製作過程中，會衍生不同的相關食品，例如是凝固之前的豆

漿，豆漿過濾時產生的豆渣，豆漿凝固後未經壓榨的豆腐花等。此外，在煮熱豆漿後，表面會形成一層大豆蛋白質－大豆油脂複合物，第一層薄膜晾乾後一兩日便是腐皮。第一層之後的薄膜也可以晾乾，摺疊成扁狀的腐竹，或是條狀的枝竹。將腐竹挑起後急凍可以成為軟滑的鮮腐竹，完全晾乾（約一週）可以成為乾硬有光澤的乾腐竹。枝竹可以分為經急凍製成的鮮枝竹、熱烘乾製成的乾枝竹，以及滾油炸成的炸枝竹。煮豆漿時還會有一層沉澱物留在鑊底，它的含糖量高且顏色較深，這便是大家食用的甜竹。

豆腐總是家鄉的好

聽到山水豆腐這名字，總會令人泛起對豆腐的鄉土情懷。有一種傳統智慧是這樣的：出外遠遊遇上水土不服，可以吃當地豆腐「轉水土」，因為豆腐是用當地土壤種出的豆加當地的水製成的。從現代科學角度來看，每處地方的水源都可能有不同的酸鹼度和礦物質含量，豆腐軟滑容易消化，對腸胃刺激較小，正好讓腸胃慢慢適應新的飲食結構。

說到豆腐與地方的淵源，一定要提到龍山水豆腐、建水燒豆腐，以及台灣的臭豆腐。

北宋文人蘇軾曾經在品嚐龍山水豆腐後，寫下「煮豆作乳脂為酥，高燒油燭斟蜜酒」的詩句，酥就是指豆腐，從此龍山水豆腐盛名歷久不衰。龍山有兩個神奇水井，東面甜水井的水用來磨豆漿，西面灃水井含鈣量高，可以用作點漿出豆腐。這可見豆腐的製作，離不開當地的井水。

在雲南省的南端有個建水縣，古代稱臨安府。傳說明朝政府在建水徵兵，一位母親做了豆腐給當兵的兒子，為了方便攜帶，將豆腐壓乾切塊包好。兒子取出的時候已發霉，於是放在炭火上烤來吃，此後建水便流傳了這種做法。建水城外有一口大水井，居民都在那裡取水做豆腐，彷彿離開了這水井就做不出同樣味道。鄉親們喜歡幾個人圍著火盆，一面煮一面吃一面閒話家常，每吃一塊豆腐便將一顆玉米放在罐內，按玉米數量記賬，吃豆腐也成了當地的社交活動。

2017 年 11 月 19 日，Chris Horton 在《紐約時報》用半版篇幅介紹了台灣的臭豆腐[12]，把這種西方人難以想像的發酵食品帶到世界舞台。在台灣大街小巷，都有各式臭豆腐，的確是頗具代表性的台灣食品。報導刊出後，曾經引發了一場熱議：究竟臭豆腐起源在甚麼地方？哪裡的臭豆腐最正宗、最有特色？目前較流行的說法：臭豆腐是由仕途上失意的清代讀書人王致和意外發明的，但這是沒法考證的民間流傳，所以筆者相信可能在各地都有類似臭豆腐的發明，原因是在古代沒有冷凍貯藏，豆腐很容易發霉，人們捨不得丟棄，於是用各種方法烹煮。例如上文提到的建水燒豆腐，也是因豆腐發霉而產生的，所以建水臭豆腐也是一個品牌。各地臭豆腐的風味受發酵時的氣溫、濕度、菌種及製作方法等影響，食客口味又各有不同，很難亦沒有必要比出高低。

大江南北紛陳各種特式豆腐菜譜，川菜中有四川麻婆豆腐，黔菜中有貴州酸湯豆腐，湘菜中有湖南臭豆腐，粵菜中有客家煎釀豆腐……實在不能一一盡錄。豆腐這食品充滿鄉土風情，大家心裡或多或少都會覺得，還是自己家鄉的豆腐好。

豆腐與孫中山《建國方略》

最早將豆腐這食品傳到歐洲的，是清末民初的李煜瀛（字石曾）。他出生於官宦世家，是軍機大臣李鴻藻的兒子，1902 年隨駐法公使孫寶琦使團到法國留學，就讀於巴黎巴斯德農學院。他利用西方的科學方法，研究中國傳統大豆，以法文發表《大豆》（法文 La Soja）一書，成為中國人在法國發表學術論文的第一人。1908 年，他在法國巴黎成立了歐洲第一家豆腐工廠，孫中山先生路過巴黎時亦專程到此參觀。1911 年辛亥革命爆發後，李煜瀛回國參加革命。

孫中山先生是受了李煜瀛的啟發，把豆腐作為重點，寫進了他《建國方略》（出版於 1917–1919 年）的第一章：「中國素食者必食豆腐。夫豆腐者，實植物中之肉料也，此物有肉料之功，而無肉料之毒。故中國全國皆素食，已習慣為常，而不待學者之提倡矣。」豆腐這種高營養食品在中國的歷史地位，可見其一斑。

豆腐在亞洲鄰國

在亞洲地區，除了中國外，豆腐在日本、韓國和越南亦是十分普及的傳統食品 [13]。豆腐可能是在宋代時便從中國傳入朝鮮，名為 dubu，現代韓國用來佐酒的一種特色小食叫 dubu-kimchi，是很有韓國風味的豆腐食品。越南豆腐製作方法則與中國傳統豆腐相似，相信是因為越南與中國曾有很悠久的歷史淵源。

以食品工藝的角度來看，日本豆腐是很有特色的。豆腐是高蛋白素食，所以是佛教僧侶首選的食品。日本豆腐起源的傳說，亦與日本佛教發展拉上關係：一說是由唐代鑑真大師東渡日本弘揚佛法時一起帶

到日本；另外說法是明末清初隱元大師。主流相信是經鑑真大師傳入，其中一個佐證是在 12 世紀的日本天皇食譜中便有「唐腐」一詞。豆腐傳入日本後，在 14–15 世紀有長足的發展，形成了具日本特色的豆腐，與中國豆腐區分開來。

日本人製作豆腐很嚴格，只使用特定的大豆品種。此外，日本在江戶時代發明了「玉子豆腐」[14]，主要原材料是雞蛋，完全沒有大豆成分，雖然叫做豆腐，但與本文討論的豆腐可不能混為一談啊！

2.5 | 窮人的「牛奶」、
素食者的「牛奶」

豆腐到了宋代已經被廣泛食用，造豆腐需要先製作豆漿（亦稱為豆奶），但中國有關食用豆漿的文獻，最早要在元代韓奕《易牙遺意》一書內才找到。雖然《大金國誌》裡面亦提到女真人「以豆為漿」，推算豆漿的食用可能早於元代，但卻不在漢人的主流食物之中。

為甚麼豆漿一直被人們忽視呢？大豆食品歷史學者黃興宗在他的著作回應了這個問題[15]，他認為豆漿有豆腥味，而且還有難消化的寡糖，這些問題在製成豆腐後都獲得改善，所以豆腐更容易被接受成為食品。黃興宗的著作中引用了收藏在台北故宮博物院，清代畫家姚文瀚的《賣漿圖》，畫中描繪在市井中的活動，包括販賣豆漿，可見到了清代，豆漿已經成為民間一般食品。

豆漿與香港近代的一段歷史有著密切的關係[16]。香港重要品牌「維他奶」的創辦人羅桂祥在廣東梅縣出生，畢業於香港大學。1937 年，他在上海聽到了由時任美國南京領事館商務參贊 Julean Arnold 以「豆奶——中國之牛」為題的演講，講述大豆和豆奶與中國人健康的密切關係，這次經歷對羅桂祥日後的事業發展有深遠影響，可算是他創立「維他奶」的啟蒙[17]。

「維他奶」為何不簡單稱為豆漿呢？首先是因為它衝著牛奶取替品的

概念以來，所以稱為「奶」比起稱為「漿」更有吸引力。另外「維他奶」的英文名字 Vitasoy 中，Vita 可以解作生命（vita）、活力（vitality）和維他命（vitamin），是一個有多層意義的名字。

1940 年，羅桂祥牽頭成立「香港荳品公司」，剛好坐落於實力雄厚的香港牛奶公司對面。這一年，香港約 180 萬人口之中，有 7,229 人死於營養不良。時值八年抗戰，日本軍國政府已經佔領了中國大片土地，大量難民湧到香港避難。「維他奶」當時是以「窮人的牛奶」為願景而創立的品牌，但豆奶和大豆在許多華人心目中是廉價窮人食品，甚至是動物飼料的代名詞，反而是英國派駐香港的醫務總監司徒永覺（Sir Percy Selwyn Selwyn-Clarke）對羅氏十分欣賞，認為他很了解大豆的食品價值，並作出很大的貢獻，司徒永覺也給「香港荳品公司」的生產審批提供了幫助。

經過多年的制度改革和技術更新，加上應用新包裝技術和形象年輕化等努力，「維他奶」不再只是「窮人的牛奶」，而是能打進各階層並進軍國際市場的香港品牌，並成為了世界植物奶其中最大的推手之一。

西方人最初並不欣賞豆奶，豆奶要進入西方市場，在製作工序上的重點是去除導致豆腥味的脂氧酶。除了應用脂氧酶缺失的大豆品種外，還可以經無氧研磨技術，隔離氧氣跟脂和酶的接觸，或通過熱力使脂氧酶失活[18]。傳統中國豆漿製作是用冷磨法，即是大豆浸泡後未經煮熱便進行磨豆，現代技術會在不同階段加熱，例如 Cornell 法是在高溫下磨豆，Illinois 法是先將大豆用沸水浸泡，HTC 法是在磨豆時注入蒸氣，有些大公司會在生產豆奶後作高溫抽真空處理來除卻豆腥味。另外，在增強營養或優化味道方面，有些生產商會在豆奶中添加其他成分，例如麥芽、可可、杏仁、維他命、鈣質及香料成分等。

上世紀末開始有大量科學證據指出大豆是高營養食品，對身體有各種好處，而且適合有乳糖不耐症的人群食用。對於追求身體和環境健康的素食者而言，豆奶和其他植物奶變成了「素食者牛奶」。對於世界上仍然處於貧困，不能負擔肉食的人們，豆奶仍然可以扮演「窮人的牛奶」這角色。有關大豆的各種營養價值，我們在第三章再討論。

2.6 發酵食品

科學家談到食物，主要會講營養成分，但一般人則重視味道。味道是好是不好，往往因人而異。但當人們品嚐食物時，在心理和生理的因素影響下，總能分辨出家鄉食品和外來食品的不同味道，所以味道也可算是一種集體文化和集體回憶[19]。

東亞和東南亞的人們對傳統食物都會追求「鮮味」，「鮮味」的主要化學成分是分解蛋白而來的穀胺酸（穀胺酸鈉便是人造味精），以及5'-ribonucleotides IMP/GMP，具體風味會受食物內其他成分所影響。東南亞的「鮮味」主要來自海產食物的發酵，最著名的是魚露；而東亞的「鮮味」，包括在中國、日本和韓國，則主要是靠大豆發酵[20]。因為發酵技術是重要的科學實踐，所以在黃宗興著的《李約瑟中國科學技術史》內，對中國大豆發酵食品的歷史有詳細的介紹[21]。

近年的科學研究顯示，發酵食品通過微生物的特殊代謝作用，擁有比原來食材更豐富的營養因子，甚至可以通過發酵來獲得原來沒有的營養要素，可算是最廉價的食品改良方法，這對於沒有能力購買不同食材來得到均衡營養的弱勢社群，尤其重要。比爾與美琳達．蓋茨基金會（Bill & Melinda Gates Foundation）因此設立了專項[22]，資助發展中地區研究如何結合傳統發酵食品與創新科技。

2.7 製麴

製麴是生產發酵食物的關鍵步驟 [23,24,25]，為了方便不是從事食品行業的讀者理解討論內容，我們先表列一些與製麴相關的名詞（Box 2.3）。

Box 2.3

與製麴相關的名詞

霉菌｜生物學中的真菌，與我們日常見到的發霉現象相關。霉菌能分泌出水解酶，分解附著物（底物）的大生物分子，變成容易吸收的小分子。霉菌在底物上可以長出菌絲，亦會因分解過程發出氣味。

霉菌孢子｜霉菌會產生大量單細胞繁殖體，稱為孢子，用來幫助霉菌擴張生長範圍，孢子也能在較惡劣的環境下生存。

麴菌｜用來製作麴的霉菌。

種麴｜長在種子（一般是穀物或大豆）底物上的麴菌及孢子，用來接種發酵目標物。食品工業會用純孢子作接種。

麴｜將種麴接種到發酵目標物後，在特定溫度和濕度環境長成的產物。

製麴｜製作麴的工藝。

麴霉｜*Aspergillus* 屬真菌。

根霉｜*Rhizopus* 屬真菌。

毛霉｜*Mucor* 屬真菌。

米麴霉｜*Aspergillus oryzae*，日本人視為國菌。

參考資料：https://nordicfoodlab.wordpress.com/2013/12/23/2013-8-koji-history-and-process/
（最後瀏覽：2022 年 10 月 25 日）

製麴主要是利用微生物的代謝功能，讓麴菌在穀物或是豆類中生長，通過發酵作用，即麴菌在生長時分泌出水解酶（如澱粉酶、蛋白酶及脂肪酶），將種子中的複雜分子分解，形成較易給人們吸收的養分。大豆發酵食品中最常見的微生物是麴霉、根霉和毛霉等。在古代，人們沒有微生物知識，製麴主要靠環境中存在，但又看不見的霉菌和霉菌孢子自然感染完成，所以製麴變成了很神秘的事，甚至加上了宗教色彩。現代食品工業也很重視製麴，一般會通過接種在培養基上生產的純種微生物或其孢子，以確保發酵食品質量的穩定。

除了用大豆製造出來的大豆麴外，用不同的材料，在不同的環境條件下，加上不同的麴菌，會製成不同種類的麴（Box 2.4），而這些麴可以用來產生各具風味的發酵食品。

Box 2.4

麴的不同例子

造酒

紅麴｜用米為材料，以紅麴菌發酵。

麥麴｜來自中國北方，用小麥為材料，以麴霉發酵，壓成磚形。

麩麴｜用麥麩為材料，以純米麴霉發酵。

大麴｜從麥麴演變出來，用大麥、小麥和豌豆為材料，以毛霉和根霉發酵，壓成磚形。

小麴｜來自中國南方，用大米和米糠為材料，以根霉發酵，壓成蛋形。

造醋

紅核大麴｜特別用於山西陳醋的生產，以毛霉和犁頭霉（主要）、根霉和麴霉（次要）和紅麴霉（少數）發酵。

造醬油

大豆麴｜用大豆為材料，用麴霉、根霉和毛霉等發酵而成。

參考資料：https://nordicfoodlab.wordpress.com/2013/12/23/2013-8-koji-history-and-process/（最後瀏覽：2023 年 3 月 18 日）；https://zh.wikipedia.org/zh-hk/ 麴 # 分類（最後瀏覽：2023 年 3 月 18 日）

製麴在中國古代最早期主要是釀酒和造醋的技術，《尚書·說命下》中有「若作酒醴，爾惟麴糵；若作和羹，爾惟鹽梅。」麴糵是用來製酒，「梅」指的是醋。《尚書》是先秦時代寫成，記載夏、商及周朝政事的文獻，所以製麴在中國有很悠久的歷史。

北魏時代賈思勰所著的《齊民要術》中介紹了數種製麴的方法，例如黃衣（黃衣麴）、黃蒸（黃霉麴）及紅麴（粘米麴），可算是古代的食品科學。製麴在古代亦與一些宗教儀式相關，《齊民要術》的「作三斛麥麴法」和「造神麴法」內的描述，便包括了擇日起動、擇時取水、青衣童子和其他儀式。

製麴技術相信是在日本彌生時代（公元前 300– 公元 300 年）從中國傳到日本，雖然有很多傳說，但確切的時間未有定論。在公元 13–15 世紀開始，麴在日本成為商品，可以用來接種發酵目標物，製造發酵食品，但當時還未有微生物或菌的概念，所以都是基於經驗的方法。

日本的製麴技術經過多年的演化和改進，已經與中國原來的製麴技術區分開來，成為日本國家飲食文化象徵之一。「和食」在 2013 年成為世界非物質文化遺產，而日本釀造協會亦在 2006 年的年會上擬定米麴霉 Aspergillus oryzae 為日本「國菌」。米麴霉與「和食」中的日本清酒、醬油、味噌和醋的製作都有密切關係。科學研究發現米麴霉中亦有不同的小種和變種，造出來的發酵食品風味亦會有不同。

米麴霉的發現，首先是由在 1876 年應邀前往日本醫科大學的 H. Ahlburg，從釀製清酒的麴裡面分離出來的，是一種黃白色的霉菌。H. Ahlburg 最初把米麴霉歸類到散囊菌屬（Eurotium），後來 F. Cohn 把分類修正為麴菌屬（Aspergillus）。諷刺的是，許多麴菌屬中的霉菌都是

食物變壞的元兇，能夠製造破壞肝臟和致癌的黃麴毒素（Aflatoxin），基因分析指出它們竟是人類食品文化中不可或缺的米麴霉的近親。

關於日本國菌米麴霉的起源，有兩種可能：其一是在日本自然環境既有，及後被篩選及馴化；其二是在彌生時代，與製麴技術一起從中國傳入。日本學者較相信米麴霉是從日本環境中走進「和食」的。他們提出了一些支持論點，其一是在日本奈良時代（中國唐代）成書的《播磨國風土記》中，描述在日本古代造酒可以不經接種麴菌，而是用自然地長了麴菌的米所製成，所以米麴霉應該是存在於自然環境之中。其二是日本古代造麴的方法與當時的中國及朝鮮是不同的，日本造麴是用蒸煮好的米，這樣的材料有利米麴霉生長，並抑制在其他製麴技術中經常出現的根霉與毛霉。當要將米麴霉的孢子製成種麴時，日本傳統方法會加入由葉片燒成的白灰，這樣可以防止其他微生物生長，但又能保持米麴霉孢子活性。所以，米麴霉成為日本國菌是有其原因的。

2.8 原粒發酵大豆

中國豆豉

豆豉作為一種商品，相信在漢代或更早便已經流行 [26,27]。西漢司馬遷《史記‧貨殖列傳》中有：「蘖麴鹽豉千荅」，意思是指數千缸糖化霉麴和鹽醃發酵大豆。西漢史游的《急就篇》是教導學童識字的課本，裡面也有介紹食品：「蕪荑鹽豉醯酢醬，芸蒜薺芥茱萸香。」豉和下面提到的醬兩種大豆食品，是兒童都懂的字。

豆豉在古代有不同名字，如大苦、幽菽及嗜等。在第一章中，我們曾經討論過《楚辭》中早有「大苦」一詞。至於「幽菽」，則是一個很形象化的詞語，意思是把菽（大豆）在幽閉的器皿中發酵。

東漢劉熙寫的《釋名‧釋飲食》中有這樣的描述：「豉，嗜也，五味調和須之而成」。東漢許慎在《說文解字》中有進一步解釋：「豉為配鹽幽菽者，乃鹹豉也」。所以豆豉不但是經過發酵，還加了鹽。可不要小覷了鹽這種人體必需物質，現代人，尤其住在海邊的，可能沒有了解鹽的重要性。在古代運輸不發達，鹽對於住在內陸的人是很珍貴的，因為缺鹽會令人渾身乏力。由春秋時代開始的 2,000 多年中，直接掌控鹽的買賣，或是將鹽課以重稅，是朝廷和官府的重要收入來源，在允許民辦鹽業的時期，鹽商都會成了富人。用鹽製成的豆豉，

以及下面談到的腐乳、醬、醬油等，是一般民眾從膳食中獲得鹽分的主要途徑，而且還可以貯藏。

豆豉可以用黃豆或黑豆做材料，按口味可分為鹽豆豉和淡豆豉兩大類。在《齊民要術》卷八的「作豉法第七十二」中詳細講述了四種做「豉」的方法，其中第四種「作麥豉法」與大豆無關，其餘三種方法是介紹了鹽豆豉和淡豆豉製作的基本工序。明代李時珍的《本草綱目》亦對鹽豆豉和淡豆豉製作有進一步的描述。

根據黃宗興著作的綜合論述，無論是鹽豆豉還是淡豆豉，基本上有兩個階段 [28]。在第一階段，大豆被清洗、蒸煮和冷卻後，分散擺放，讓環境中的霉菌孢子感染和萌發，並產生菌絲。在自然條件下，空氣充足、溫度較低、處理時間較長會較適合毛霉生長；溫度較高、處理時間較短會較適合麴霉生長 [29]。這時霉菌的水解酶會開始分解大豆的蛋白質、脂肪和碳水化合物，產生一定苦味，所以豆豉又稱為「大苦」。第一階段完成後的產品，可以視為是「豆麴」。

鹽豆豉製作在第一階段後，大豆要長滿黃色菌絲，把多餘的菌絲和孢子，以及苦味沖洗乾淨後，在第二階段中加上豆汁、鹽和其他輔料，在密封缺氧情況下發酵，這狀態可以防止霉菌過度生長，抑制其他惡菌繁殖，但又能讓霉菌中的水解酶繼續分解大豆中的蛋白質和糖分，同時有利乳酸菌生長，產生不同風味的豆豉。淡豆豉在第二階段的密封發酵過程中，則沒有添加鹽和其他輔料。

許多古醫書都有豆豉入藥的記載。漢末成書的《名醫別錄》和明代李中立撰繪的《本草原始》中講到的是淡豆豉；東漢張仲景著的《傷寒論》稱為香豉；東晉葛洪編著《肘後備急方》用鹽豉。而明代李時珍

《本草綱目》中的淡豆豉炮製法，則一直沿用至今。以現代中藥標準來看，用來做藥的是淡豆豉，而且要用黑大豆，主治感冒頭痛、發汁解表，風寒風熱表證皆可應用。

日本納豆

納豆是充滿日本特色的大豆食品[30]，日本民眾會在每年 7 月 10 日慶祝納豆節。在日本以外，我們吃到的主要是小粒「拉絲納豆」。大粒、中粒和小粒納豆其實都有捧場客，不過主流是喜歡小粒納豆。

「納豆」一詞最早見於日本平安時代（中國唐代）文人藤原明衡所著的《新猿樂記》，所以相信日本在中國唐代時便開始食用納豆。

納豆分為「鹽辛納豆」和「拉絲納豆」兩大種類。「鹽辛納豆」是醃製而成的「鹹納豆」，又稱為「唐納豆」，與上文說的中國豆豉有一定關連，相信是在唐代時由中國僧人傳入日本，一說是經由鑑真大師帶到日本的。由於最初期是貯藏在寺院的納所（管理金錢和糧食的地方），所以稱為納豆，這種大豆食品在當時只有僧人和貴族才能吃得到。

現代日本納豆，主要是指「拉絲納豆」。「拉絲納豆」發明人的傳說很多，包括飛鳥時代崇尚佛教的聖德太子（中國隋末唐初），平安時代末期的名將源義朝（中國宋代），日本南北朝戰爭中的光嚴法皇（中國元末）。既然有那麼多傳說，即是表明歷史學家都不肯定具體是何人，在何時何地發明了流傳至今的「拉絲納豆」。

進入江戶時代（中國明、清時代），「拉絲納豆」成為了日本東部地區平民的主要食品。傳統「拉絲納豆」的製作方法是用沸水殺菌消毒後，

再用稻草包裹蒸熟的黃豆，在約 40°C 放置一天，讓黃豆發酵後產生黏稠的絲狀物。

納豆進入工業生產是在上世紀初開始的。首先是在 1912 年，東京大學的澤村真教授在包裹納豆的稻草中發現了一種枯草桿菌（Bacillus subtilis），屬於細菌，不是真菌類，與中國豆豉發酵時常見的微生物是不同的。這種能令納豆發酵起絲的小種被命名為「納豆菌」。1918 年，北海道大學的半澤洵教授用人工培殖的「納豆菌」成功造出「拉絲納豆」，於是便可以大量製作。

由於「拉絲納豆」有強烈的發霉氣味，對它的接受程度，人們是會走向兩個極端的，但一般都會認同納豆是對健康十分有益的食物，甚至與日本人的長壽有關[31]。納豆一方面擁有大豆各種營養，包括大量蛋白質、異黃酮、抗氧化物、維他命和礦物質等，另外還有納豆特有的食療成分。有些初步研究發現，納豆激酶可以溶解血栓，降血壓和預防老人癡呆症；納豆菌可以殺死癌細胞，以及調節腸道功能；黏絲中的聚穀胺酸（γ-PGA），可以與維生素 K 一起加強鈣的吸收，防止骨質疏鬆；納豆菌能產生抗菌素，抑制惡菌等等。雖然人們對食用納豆有很多期望，但上述這些神奇功能還需要更詳細的醫學驗證，而單一食物亦不會真的能解決所有健康問題。

印尼天培

在中國和日本以外，有一種別樹一幟的發酵大豆食品叫天培（或天貝，tempeh），發源於印尼爪哇[32]。《安汶島植物》（Herbarium Amboinense）一書是印尼最早有關大豆的文字記錄，由於種種不幸原因，這書在原作者 Georg Eberhard Rumphius 死後的 1747 年才出版。

Rumphius 是在德國出生的植物學家，他受僱於荷蘭東印度公司，長期在印尼東部工作，《安汶島植物》記錄了他 1650-1670 年在印尼的研究，並提到了大豆，說明大豆在 17 世紀中葉便在印尼種植。Tempeh 一字的最早文字記載，則出現在 1815 年出版的爪哇語文獻《塞拉特·森蒂尼》（Serat Centhini）。

傳統的天培是通過接種根霉發酵而成的，大豆用水浸泡，脫殼去皮，煮熟瀝水後，把大豆擠壓在一起，加上一些已經做好的天培作為接種，再以香蕉葉包覆，在氧氣不足的狀態下發酵一至兩天，讓菌絲穿透並包裹大豆，形成白色餅狀食品。

在工序上，天培的製作與豆豉製作第一階段相似，但亦有不同 [33]。簡單而言，天培的製作步驟有利菌絲生長，豆豉製作則著重控制霉菌生長，有利保護大豆完整性。所以天培製成後需要盡快進食，一般是用油煎或炸，然後進食，而豆豉則可以作較長期的儲藏。

發酵豆腐和發酵豆奶

豆腐乳可算是最具中國特色的食品之一 [34,35,36]。最早的文字記載是在明代李日華著的《蓬櫳夜話》：「黟縣人喜於夏秋間醃腐，令變色生毛隨拭去之……」變色生毛便是形容豆腐上霉菌長出菌絲的情況。清代朱彝尊的《食憲鴻秘》、李化楠的《醒園錄》、丁宜曾的《農圃便覽》和童岳薦的《調鼎集》等著作都有描述豆腐乳的製作方法，證明到了清代，豆腐乳已經十分流行。

簡單來說，製作豆腐乳有三個步驟，先是製豆腐，然後經歷兩次發酵（Box 2.5）。第一次發酵就像製豆麴，古法是將硬豆腐切成方塊，鋪

在竹條或稻草上，在空氣流通的地方讓環境孢子自然地感染豆腐，毛霉和根霉是豆腐乳發酵常見的霉菌，現代製作會用純種霉菌接種，以保持品質。豆腐方塊佈滿菌絲後形成腐乳坯，之後加上鹽水和其他輔料，密封在陶罐內，置於黑暗陰涼處第二次發酵幾週至幾個月。

Box 2.5

豆腐乳製作流程

因應具體操作，會產生出不同種類的豆腐乳，最常見的有三種：「紅方」、「青方」和「白方」。紅方在發酵醃製時加了紅麴米，還曾加上紹興酒，腐乳表面呈紅色，亦稱為紅腐乳，這種腐乳在南方的廣東流行，所以也稱為南乳。不過，南乳原本是由芋頭做材料，因為成本太貴而改成用豆腐。

「青方」在醃製過程中加了苦漿水，呈豆青色，有臭豆腐的氣味。「白方」則是沒有其他添加，較像原來的豆腐，略帶乳黃色。

豆腐乳被西方人稱作大豆芝士和豆腐芝士。

牛奶通過乳酸菌發酵製成酸奶，可以增強營養價值、改變味道以及延長保質期。豆奶一樣可以通過合適的乳酸菌製作成豆酸奶，但由於豆奶欠缺單糖和乳糖，所以豆酸奶的酸度不及牛乳製的酸奶。要解決這問題，需要選擇特別的乳酸菌，以及在製作時加上可以發酵的糖或牛乳製品[37]。

當人們越來越傾向提倡以大豆產品來替代牛乳製品的時候，發生了一場小風波[38]。2017 年歐洲法庭裁決，非動物產品不能用上「奶 milk」、「牛油 butter」、「奶油 cream」、「芝士 cheese」及「酸奶 yogurt」的名字，2020 年歐洲議會通過條例，進一步禁止使用「乳酪替代品 cheese substitute」、「酸奶風格 yogurt-style」、「黃油替代品 butter alternative」或「奶油的 creamy」來形容植物製品。勝方是以消費者知情權和歐洲傳統為理據，對於素食和環保人士來說，這更像是牛乳業的商業保護手段。廣大的消費者又會怎樣選擇呢？會不會因為名字的爭拗而對大豆製品的認受產生影響呢？我們且拭目以待。

2.9 中國豆醬、韓國大醬、日本味噌

中國豆醬

中國的醬文化與飲食文化是密不可分的 [39,40,41]。「醬」和「汁」的古字是「醢」和「醯」。《周禮》中提到「醢人」一職，是周代王宮中負責「醢」的廚師，周天子用餐時，會擺放幾十種「醢」，據《周禮》記載，「醢」是用不同動物製成的肉醬，有豬、獐、鹿、牛、鵝、兔、魚、牡蠣、螞蟻卵等等，可能還有一些現代已找不到的動物。

東漢許慎《說文解字》認為：「醢，肉醬也。」清代段玉裁在《說文解字注》中進一步解釋先秦的「醢」是由動物肉加上酒製成的，酒的發酵主要靠黍粉。至於「醯」字，段玉裁則解釋作：「醯，肉汁也。」

到了漢代，醬改由大豆和麵粉，再加上鹽發酵而成，雖然也有以麥為主要材料的發展方向，但以豆醬為主流。古代中國豆醬的製作過程和演變，在黃宗興的著作內有詳細介紹 [42]。最早期的製作方法可以追溯到《齊民要術》的介紹，簡單來說，首先將大豆蒸煮三次，使籽粒容易破碎及去皮。第一階段發酵在缺氧條件下進行，除了大豆外，會加入兩種麴：小麥造成的黃蒸和造酒用的笨麴，以及一些麵粉，製成「醬黃」。第二階段發酵仍然是在缺氧條件下進行，把「醬黃」、黃蒸與高濃度的鹽攪勻，再密封發酵。

後世豆醬的改進，都是在這個基礎上優化。例如唐末韓鄂撰的《四時纂要》中將豆醬兩段發酵需時約 50 天的過程縮減至三分一時間；元代農學家魯明善寫的《農桑衣食撮要》中加了焙炒和碾碎步驟來幫助發酵，第二次發酵時亦會加入香料提高風味。

到了現代，中國製醬工業逐漸走向科學化、機械化和標準代。豆醬（又稱為黃醬或東北大醬）仍然是中國各種醬料中流傳最廣，影響最深遠的一種。因應製作工藝的不同，豆醬會呈不同顏色，由淺黃、深黃到褐色都有，而且風味也各異。由豆醬還衍生出其他醬料，例如豆瓣醬是可以用蠶豆或大豆為發酵物，再添加辣椒、香油及食鹽等輔料而成。

韓國大醬

大醬湯是韓國自古到今，不論平民和貴族都會食用的傳統食品[43]，最主要的原材料是由大豆發酵製成的韓國大醬。在韓國，大醬被視作國食，而韓國人普遍認為食用大醬與長壽有關。韓國首位太空人李素妍於 2008 年坐俄羅斯的太空船到達國際太空站時，據說還帶上了大醬。

有學者認為，發酵食品是韓國飲食文化的靈魂[44]，這個說法是有一定根據的。韓國有三大傳統發酵食物：大醬（doenjang）、韓國醬油（ganjang）和苦椒醬（gochu-jang）。用大豆發酵製作的大醬和醬油在韓國有悠久的歷史，而苦椒醬則是 17 世紀後期才開發出來的韓國食品。

和中國豆醬製作的過程相似，大醬的製作需要分兩階段[45]。第一階段類似造麴，讓大豆受麴菌感染，製成發酵豆磚（meju），這一般在初冬進行。第二階段將 meju 加上鹽和水，再添些木炭和紅辣椒來去除雜質和消毒，在罈子中發酵數個月而成。製成品的液體部分會成為醬油，

固體部分會成為大醬。

在古代的韓國，造大醬是一件神聖任務 [46]。負責的女性在造醬前先要沐浴齋戒，傳說在造醬時更要用宣紙將嘴摀住，以防陰氣擴散。醬餅（大醬的半成品）不僅成為國王迎娶王妃時贈送的賀禮之一，甚至是朝廷救災的食品，連君主避難時，也會帶著大醬上路。

古代韓國人認為大醬的氣味可以預示國運，大醬造壞了，國家會有災難。韓國人亦相信大醬有五德：丹心、恆心、佛心、善心與和心。這種非物質地位，其他食品很難比擬。

雖然中國學者大都認為醬是由古代中國發明的，韓國學者卻認為醬是古代韓國的文化遺產，這種爭議其中一個原因是古代中國和古代韓國的皇朝之間，有著千絲萬縷的關係。

大醬約在古代朝鮮半島的三國時代（中國南北朝、隋唐時代）首先在韓國出現，當時新羅、百濟和高句麗三分天下，最後由新羅一統。醬的歷史有可能與當時的高句麗，以及其後的渤海國有關。這兩個古國，國境在今天的中國和朝鮮半島之間，皇族祖先可能是中國少數民族，但又同時與現代韓國的歷史緊密相連，所以究竟這些古國的文化是屬於現代的中國還是韓國，不同人有不同的立場和觀點 [47]。

日本味噌

我們到日本餐廳吃飯，在正餐和前菜以外，總會有一道味噌湯。自從日本人在 1,000 多年前發明味噌，再用它做出味噌湯之後，這種傳統味道一直流傳至今，味噌湯亦成了日本的「國湯」[48]。

味噌是日本一種重要的大豆發酵食品,有長遠的歷史。在日本飛鳥至奈良時代(中國隋、唐),醬從中國和朝鮮半島傳入日本,最早期讀成「hishio」,後來發展成味噌、醬油、鹽辛和漬物。味噌一詞則是在日本平安時代(中國唐、五代十國、宋)才出現,用作為「雜炊」(類似湯飯)調味,是貴族的食品。味噌湯在日本鎌倉時代(中國南宋、元)開始出現,是武士的湯食。味噌流入平民百姓家,始自室町時代(中國元、明)。在日本戰國時代(中國明代),味噌成了軍備物品,有些流傳至今的地方味噌與當時叱咤風雲的大名(領地主)亦拉上關係,例如越後味噌與上杉謙信、信州味噌與武田信玄、仙台味噌與伊達政宗等。到了日本江戶時代(中國明、清),味噌已發展為平民每天都會吃到的普及食品。

在今天,味噌已變得五花八門,各適其適。按原料分有米味噌、麥味噌和豆味噌;按風味分有甜味噌、甘口味噌和辛口味噌;按顏色分有白味噌、淡味噌和紅味噌;還有各種以地方冠名的味噌。

不過,無論是哪一種味噌,都要用到發酵大豆。現代味噌的製作,基本上可以分為五個步驟[49]:(一)製麴:將米、大麥或大豆清洗、浸泡、晾乾、蒸煮、冷卻後加上種麴,發酵製成米麴、麥麴和豆麴。(二)大豆處理:將大豆清洗、浸泡、晾乾、蒸煮、冷卻。(三)混合:將製成的麴,加上煮熟的大豆以及鹽和水,然後搗爛。一般而言大豆成分越高,顏色越深。(四)發酵:將混合好的材料放進缸內,再加上壓缸石,讓發酵在缺氧情況下進行數個月。(五)消毒和包裝。

驟眼看,這些工藝與製中國豆醬與韓國大醬大同小異。雖然大原理可能是差不多,但是,製作步驟上的用料、麴菌、溫度、濕度和製作時間的變化,卻令到生產成品各自帶有與獨特食物文化相關的不同風味。

2.10 | 醬油與醬園

清代舉人查為仁著寫的《蓮坡詩話》有這樣一首詩：「書畫琴棋詩酒花，當年件件不離它。而今七事都更變，柴米油鹽醬醋茶。」開門七件事中，離不開豆醬和醬油（即是豉油）。到了現代，不一定所有中國家庭廚房中都會有豆醬，但由豆醬衍生出來的醬油，卻是東亞和東南亞家庭不可或缺的調味料，也儼然成了外國「唐餐館」的標誌。

常見醬油的種類

中國醬油現代一般稱為豉油，主要分為幾大類 [50]。生抽：由黃豆和小麥製成，味偏鹹。老抽：生抽加焦糖而成，色澤深。頭抽：發酵後第一批提取出來的生抽，味濃。此外還有一種特製的雙璜頭抽：以豉油代替鹽水，重新投入黃豆及其他原料，進行雙重發酵而成。

日本醬油一般比中國醬油甜，主要是因為發酵時用了更多小麥。日本醬油基本有五大類 [51,52]。濃口醬油：由黃豆和小麥製成，顏色較深，佔現代日本醬油 80%。淡口豉油：黃豆和小麥外再加白米，顏色較淺，是關西料理必需品。白醬油：和製作濃口醬油一樣用黃豆和小麥，小麥的比例是五大類中最高，大豆先去衣，小麥先磨皮，發酵時間短，不影響食材色澤，只有愛知縣有少量生產。再仕込醬油（別名二段仕込醬油、甘露醬油）：「仕込」在日語中有「把材料放入容器中

發酵／釀造」的意思，「再仕込」即完成第一次發酵後，用製成的豉油代替鹽水，加黃豆和小麥再發酵一次，顏色更深，味道更甜，佔現代日本生產約 1%，是吃高級魚生時用的醬油。溜醬油：幾乎百分百由大豆釀造，味道最鮮，顏色最深。

中國醬油與醬園文化

上文提到，醬在中國有很長久的歷史，黃宗興認為醬油可能是在造醬和豉的第二次發酵期間使用了過量的水，而從醬和豉中分離出來的汁液[53]。東漢崔寔著的《四民月令》一書內的「清醬」，可能就是醬油的前身。醬油一詞最早見於宋代，例如在林洪寫的《山家清供》和吳氏著的《吳氏中饋錄》兩本食譜中，都有提到用醬油作調味。

醬在明代以前仍是調味品中的主流，醬油在明代開始受重視，到了清代取替醬的地位[54]。從清初朱彝尊的養生著作《食憲鴻秘》，到清代中期的烹飪書《調鼎集》，都有大量的利用醬油來為食品調味的記錄。

醬油的製作方法，在中國古籍中早有記載，只是沒有用上醬油這名字[55]。北魏賈思勰的《齊民要術》中有「醬清」、「豉汁」和「豉清」，可能是醬油的雛形。明代李時珍的《本草綱目》中首先提到將大麥加進大豆造醬油，但在 20 世紀以前，中國醬油的製作很少會加入大麥或小麥。清代李化楠的飲食專著《醒園錄》中記載「清醬」的製作方法，與近代農村生產醬油的流程相若。

醬油的傳統製作，簡單來說可以分為幾個步驟，包括兩次發酵，與製醬過程類似（Box 2.6）。將大豆煮熟，冷卻後混上麵粉及加入米麴霉開始發酵製麴，曬乾後成為醬黃。第二階段發酵時加上鹽和水，放入

缸中密封發酵，完成後過濾醬渣便獲得醬油。

Box 2.6

醬油製作流程

蒸煮　製麴　日曬　榨汁　煮製　完成

明代中葉以後，東部近海地區商品貿易興起，形成了城市群，也衍生了大批低收入的城市營勤人口。各種醬類相關產品，包括醬油的需要在這些地區急增。傳統醬園一般都是八人左右不等的小規模手工，設備簡陋，資本低，有些採前店後坊形式。醬油技術含量較低，體力強度較高，屬微利產品，但也是生活必須、消耗量高，許多醬園隨著城市化應運而生，以優良穩定質量和低廉價格的優勢，服務城市居民，包括低收入的傳統家庭，形成一種獨有的醬園文化[56]。

到了晚清，各地城市陸續出現具地方特色的醬園，有些還享負盛名，例如「中國四大醬園」：北京六必居、揚州三和、長沙九如齋、廣州致美齋；「江北四大醬園」：保定槐茂（另一說為大慈閣）、濟寧玉堂、山東濟美、北京六必居。

19 世紀晚期開始，傳統醬園文化開始面對「新醬油」時代科技和市場現代化的挑戰，仍然保留下來的，都不得不放棄傳統生產技術，改用新科技和新經營模式，才能在市場競爭中存活，舊日的醬園文化亦逐漸走進歷史。

日本醬油小歷史

日本醬油，在國際市場上是很受歡迎的調味品，亦擁有悠久的歷史[57,58,59]。正如中國和韓國醬油的發展歷史一樣，日本醬油最初是造醬過程中的副產品，所以味噌和醬油在日本的發展，都是隨著時間軸共同前進、互相呼應的。日本醬油與味噌一樣，都是由早期在飛鳥至奈良時代（中國隋、唐）的醬（hishio）演變而成的[60,61]，而且最初可能只是供應日本僧侶和貴族的貴重食品。

有一個傳說是這樣的，鎌倉時代，日本僧人覺心和尚到南宋中國金山寺修行，回到日本後在紀州（今和歌山）創建興國寺。他同時帶回了一種利用大豆、大麥／小麥，加上蔬菜的味噌配方，製作「金山寺味噌」，並把這技術教授平民。在製作味噌時偶然發現了桶底沉澱的液汁非常美味，這便是日本醬油（shoyu）的前身。

「醬油」這名詞在日本最早出現在《多聞院日記》1568 年 10 月 25 日的記錄之內。《多聞院日記》是 1478–1618 年間奈良興福寺的僧侶日記，跨越日本室町、安土桃山至江戶時代初期（中國明代）。醬油其後亦收錄在 1597 年出版，由僧侶編寫的日常用語辭典《易林本節用集》，也在大阪醫生寺島良安在 1712 年編製成的百科全書《和漢三才圖會》中出現。

到了江戶時代中後期，味噌和醬油才全面走進平民日常飲食之中。現代日本三大醬油生產地位於千葉縣、兵庫縣，和香川縣的小豆島。

千葉縣主要生產濃口醬油。位於日本關東平原，鄰近江戶（現在東京）的千葉縣野田市，盛產大豆和小麥，這些都是製造醬油的原材料。於是在江戶時代，野田出現了醬油釀造商，他們組成合作社，通過江戶川和利根川，經水路把醬油運到江戶和其他地方出售。野田成為關東地區最大的醬油生產地，是因應江戶城人口急增而產生的需求，這點與中國醬園誕生在人口密集的城市是相似的。1917 年，野田的茂木、高梨和堀切家族合組成野田醬油株式會社，1964 年改名為龜甲萬醬油株式會社，1980 年再改名為龜甲萬株式會社。龜甲萬醬油（Kikkoman；香港稱為萬字醬油）是頗能代表日本醬油歷史的國際品牌，在日本和日本以外都設有製造工廠。

此外，千葉縣的銚子市位於日本關東平原最東端，可以經利根川進行水上運輸，江戶時代開始亦有進行醬油生產，在 1645 年開始有山字牌醬油（Yamasa），1864 年曾被德川幕府封為最高等級醬油，並在 1895 年為日本皇室供應醬油。

兵庫縣（古稱播磨）位於日本關西地區，播州平原的龍野市盛產大豆和小麥，有淡水河川，亦是日本淡口醬油主要產地。龍野市 1587 年開始製造醬油，最初也是以濃口醬油為主。當地的円尾孫右衛門首先研發出淡口醬油，因為淡口醬油不會給料理著色，受到當地人歡迎，今天日本淡口醬油的主要消費市場亦在關西。現代日本五大醬油廠之一的「東丸醬油」，便是設立在龍野市。

香川縣位於瀨戶內海的小豆島，原來是以製鹽為主，由於瀨戶內海的鹽巴生產過剩，於是改用多出的鹽製醬油。小豆島氣候溫暖，有利製麴，大豆和小麥可以從九州生產，鄰近有大阪作為市場。現代日本五大醬油廠之一的「丸金醬油」便是設立在小豆島，已經有近百年歷史。

醬油小趣事

對於西方國家，在他們大量種植大豆之前，可能先有食用醬油的經驗 [62]。

今天我們講到 Catch-up/Ketchup，會馬上聯想到以番茄為主製成的醬，與薯條和意大利粉等西方食品一起食用。但 Catch-up/Ketchup，最初可能是指醬油。上文介紹印尼的大豆發酵食品天培的時候，談到大豆在 17 世紀中葉便在印尼種植。1680 年，印尼醬油以 Catch-up 一詞在西方世界首次出現，當時印尼仍未獨立，稱為荷屬東印度，當地語醬油是 ketjap [63]。在 17–18 世紀的歐洲，人們用 Soy 和 Catch-up/Ketchup

來形容醬油,後者特別用於來自印尼的醬油。1908 年,Kurt Heppe 出版了一本很有文化研究價值,有關煮食名詞的小辭典 *Explanations of All Terms Used in Coockery [sic] - Cellaring and the Preparation of Drinks*,他定義了「Soy」是「a ketchup of the soy bean」。早期歐洲人覺得醬油這種調味品很好吃,但不知道原材料是大豆,於是嘗試用西方常見的食材,如合桃、蠔(牡蠣)、蘑菇及番茄等等製作。以番茄為主材料的 Catch-up/Ketchup,是到後期才流行的。

造醬油會獲得英皇嘉許,可以說明這種調味料有多麼受歡迎。18 世紀中後期,當美國還是英國殖民地的時候,有位海員 Samuel Bowen 將大豆從中國帶到美國南部種植,並製成醬油出售 [64]。他把醬油呈獻給英國皇室,獲英皇喬治三世的嘉許,在第四章我們會再討論 Samuel Bowen 的故事與美國大豆種植歷史的關係。

醬油剛傳入西方國家時,對他們來說是很神秘的,除了有許多誤解,亦出現很多謠傳。其中在海員之間一直有個傳聞,醬油是由甲蟲和蟑螂造出來的,顏色看上去真的有點像,想像一下也是頗令人感到驚嚇的 [65]。

註

1. 大豆食品綜述：JC Liu (2008) 《Soybeans: Chemistry, Production, Processing, and Utilization》(L.A. Johnson 等編), AOCS Press.

2. 豆芽與微型苗：F.D. Gioia 等 (2017) 《Minimally Processed Refrigerated Fruits and Vegetables》(F. Yildiz 和 R.C. Wiley 編), Chapter 11, Springer.

3. 大豆黃卷：https://ppfocus.com/0/he40f0498.html（最後瀏覽：2022 年 10 月 26 日）；https://www.theqi.com/cmed/oldbook/sn_herb/herb_20.html（最後瀏覽：2022 年 10 月 26 日）

4. 大豆芽的營養價值：K.N.T. Wai 等 (1947) Plant Physiology 22(2):117-126; M. Ghani 等 (2016) Plant Breeding and Biotechnology 4(4):398-412; P. Benincasa 等 (2019) Nutrients 11:421

5. 枝豆和毛豆歷史：William Shurtleff 和 Akiko Aoyagi (2009) 《History of Edamame, Vegetable Soybeans, and Vegetable-Type Soybeans (1275-2009)》, Soyinfo Center.

6. 菜用大豆育種：顏清上等 (2000) 作物雜誌 4:27-29

7. 中國食用油的歷史：https://www.zhihu.com/question/45804611（最後瀏覽：2022 年 10 月 26 日）；https://new.qq.com/omn/20210421/20210421A01WSZ00.html（最後瀏覽：2022 年 10 月 26 日）；https://kknews.cc/zh-hk/history/3yjezq8.html（最後瀏覽：2022 年 10 月 26 日）；https://kknews.cc/history/9jbmvp5.html（最後瀏覽：2022 年 10 月 26 日）；https://read01.com/zh-hk/8DEjnL.html#.YkhTJ25BxEQ（最後瀏覽：2022 年 10 月 26 日）

8. 《李約瑟科學技術史》中有關大豆食品：黃興宗 (2008) 《李約瑟中國科學技術史》第六卷第五分冊，科學出版社

9. 同上

10. 清代豆腐：https://www.yangfenzi.com/lishi/52852.html（最後瀏覽：2022 年 10 月 26 日）

11. 各種豆腐與豆製品：https://en.wikipedia.org/wiki/Tofu（最後瀏覽：2022 年 10 月 26 日）；https://zh.wikipedia.org/wiki/豆腐（最後瀏覽：2022 年 10 月 26 日）

12. 紐約時報有關台灣臭豆腐報導：C. Hortin, New York Times, Nov. 19, 2017

13. 豆腐在亞洲：https://zh.wikipedia.org/wiki/豆腐（最後瀏覽：2022 年 10 月 26 日）；https://dyfocus.com/zh-hk/buddhism/3b348.html（最後瀏覽：2022 年 10 月 26 日）；http://www.tofupedia.com/en/feiten-over-tofu/tofu-oorsprong-en-authentiek-keukens/index.html（最後瀏覽：2022 年 10 月 26 日）

14. 玉子豆腐：https://zh.wikipedia.org/wiki/玉子豆腐（最後瀏覽：2022 年 10 月 26 日）

15. 同註 8

16. 羅桂祥與維他奶：William Shurtleff 和 Akiko Aoyagi (2013) 《History of Soymilk and Other Non-Dairy Milks (1226 to 2013)》, Soyinfo Center; 蔡寶瓊 (1989) 《原生與創業》，維他奶國際集團有限公司。

17. 同上

18. 同註 1

19. 建基於文化標準的味道：Erino Ozeki (2008) 《The World of Soy》(Du Bois 等編), Chapter 7, NUS Press; Katarzyna J. Cwiertka 和 Akiko Moriya (2008) 《The World of Soy》(Du Bois 等編), Chapter 8, NUS Press.

20. 同上

21. 同註 8

22. 蓋茨基金會發酵食品專項：https://gcgh.grandchallenges.org/challenge/integrating-tradition-and-technology-fermented-foods-maternal-nutrition

23. 同註 1

24. 同註 8

25. 製麴：https://zh.wikipedia.org/wiki/麴（最後瀏覽：2022 年 10 月 26 日）；https://nordicfoodlab.wordpress.com/2013/12/23/2013-8-koji-history-and-process/（最後瀏覽：2022 年 10 月 26 日）；Hideyuki Yamashita (2021) Journal of Fungi 7:569; 諸葛俊元 (2012) 東亞漢學研究 2:162-172; Masayuki Machida 等 (2008) DNA Research 15:173-183; William Shurtleff 和 Akiko Aoyagi (2021) 《History of Koji – Grains and/or Soybeans Enrobed With a Mold Culture (300BCE to 2021)》, Soyinfo Center.

26. 同註 8

27. 有關豆豉：http://szyyj.gd.gov.cn/zyyfw/ysbj/content/post_3344768.html; https://baike.baidu.hk/item/豆豉（最後瀏覽：2022 年 10 月 26 日）；https://kknews.cc/zh-hk/food/rbg5lko.html

28. 同註 8

29. 同註 1

30. 有關納豆歷史：https://kknews.cc/zh-hk/history/r584nbx.html; https://zh.wikipedia.org/wiki/納豆（最後瀏覽：2022 年 10 月 26 日）；https://kknews.cc/zh-hk/food/48b64v.html（最後瀏覽：2022 年 10 月 26 日）；William Shurtleff 和 Akiko Aoyagi (2012) 《History of Natto and Its Relatives (1405-2012)》, Soyinfo Center.

31 有關納豆營養：https://kknews.cc/zh-hk/health/3j2xjea.html（最後瀏覽：2022 年 10 月 26 日）；https://www.healthline.com/nutrition/natto

32 同註 8

33 同註 8

34 同註 1

35 同註 8

36 有關豆腐乳：https://zh.wikipedia.org/wiki/ 腐乳；https://kknews.cc/zh-hk/food/epylzlz.html（最後瀏覽：2022 年 10 月 26 日）；https://kknews.cc/food/zrbeqv3.html（最後瀏覽：2022 年 10 月 26 日）

37 同註 1

38 大豆製品命名風波：https://www.irishexaminer.com/farming/arid-40081190.html（最後瀏覽：2022 年 10 月 26 日）

39 同註 1

40 同註 8

41 醬文化：https://baike.baidu.com/item/ 醬文化（最後瀏覽：2022 年 10 月 26 日）；https://new.qq.com/omn/20210529/20210529A06VD800.html（最後瀏覽：2022 年 10 月 26 日）；

42 同註 8

43 有關大醬：https://kknews.cc/news/eznr32z.html（最後瀏覽：2022 年 10 月 26 日）；https://www.newton.com.tw/wiki/ 韓國大醬湯的歷史（最後瀏覽：2022 年 10 月 26 日）；https://baike.baidu.hk/item/ 大醬湯 /1729300（最後瀏覽：2022 年 10 月 26 日）

44 同註 19

45 同註 19

46 同註 43

47 同註 19

48 有關味噌：https://life.anyongfresh.com/the-history-of-miso-across-1300-years/（最後瀏覽：2022 年 10 月 26 日）；https://www.marukome.co.jp/global/zh-CHS/foodculture/aboutmiso/originandhistoryofmiso/（最後瀏覽：2022 年 10 月 26 日）；http://blog.udn.com/KuenLong1213/3024250（最後瀏覽：2022 年 10 月 26 日）

49 同註 43

50 中國和日本醬油種類：https://food.ulifestyle.com.hk/recipe/detail/2374931 豉油分別 - 豉油 - 生抽 - 老抽 - 頭抽 - 蒸魚豉油究竟有何分別 - 盤點各種豉油真正用法（最後瀏覽：2022 年 10 月 26 日）；日本豉油種類：https://m2.hocom.tw/h/NewsInfo?key=phsrk&cont=6200（最後瀏覽：2022 年 10 月 26 日）；https://thegate12.com/tw/article/172（最後瀏覽：2022 年 10 月 26 日）

51 同上

52 日本醬油：https://www.kikkoman.com/en/shokuiku/soysaucemuseum/history/index_tw.html（最後瀏覽：2022 年 10 月 26 日）；http://japan.people.com.cn/BIG5/n/2014/1204/c35463-26144723-2.html（最後瀏覽：2022 年 10 月 26 日）；https://top10bikeguide.com.tw/shenghuo/meishi/15063.html（最後瀏覽：2022 年 10 月 26 日）；https://blog.xuite.net/harutowah/twblog/113030544（最後瀏覽：2022 年 10 月 26 日）；https://www.bbc.com/travel/article/20220323-japans-humble-birthplace-of-soy-sauce（最後瀏覽：2022 年 10 月 26 日）

53 同註 8

54 同註 8

55 同註 8

56 醬園文化：趙榮光 (2005) 飲食文化研究 4:9-19

57 同註 48

58 同註 52

59 醬油世界歷史：William Shurtleff 和 Akiko Aoyagi (2012)《History of Soy Sauce (160CE-2012)》, Soyinfo Center

60 同註 16

61 同註 52

62 同註 59

63 同註 59

64 同註 59

65 同註 59

NUTRITONAL AND ENVIRONMENTAL VALUE OF SOYBEAN

第三章

大豆的營養及環境價值

3.1 ｜大豆的營養價值
3.2 ｜大豆的環境價值

在下一章我們討論大豆的世界經濟及商業角色之前，先讓我們從現代科學的角度，來解讀種植和食用大豆帶來的各種好處，以及它的其他用途和價值。

不同農作物可以提供人類食用的部位各有不同、各有特色，例如：種子（如各種穀物和豆類）、根莖（如馬鈴薯和洋蔥等）、葉片（包括各種葉菜）、果實（如番茄、水果和各種瓜類）以及花朵（如金針花和西蘭花等）。至於大豆，它的主要食用部分是種子。大豆種子營養豐富，提供了人類所需的蛋白質、油分、膳食纖維、維生素、礦物質及各種與醫療和食療有關的成分。

此外，大豆的根通過與微生物的共生作用，導致根部膨脹突出，形成一個特殊器官：根瘤。根瘤看來很粗糙，像是生病，卻可以將空氣中的氮氣轉化為大豆可以利用到的有機氮，例如胺基酸、蛋白質、核酸和葉綠素等，這些有機氮可以通過進入食物鏈而成為人類和動物體內的含氮生物分子，是人體重要組成。當這些有機氮素經過循環途徑進入土壤後，又可以增強土壤肥沃度，改善土質，減少對化學氮肥的需求和依賴，從而緩和化學氮肥對環境的破壞。

大豆的植物蛋白質，亦可以用作製造衣物的纖維，而最後若還有甚麼剩下來的，都可以打碎還田，成為有機肥料。

這種古老且歷史悠久的作物，一直伴在我們身邊，為我們付出它的所有，只是我們往往習以為常，沒有去欣賞它，甚至只視之為廉價雜糧。現代科學讓我們更加了解這位朋友，通過研究大豆，我們可以了解作物如何與環境相互作用，以及如何能通過改良作物來應對氣候轉變，同時提醒人類要保育物種資源，不是把它們變成博物館裡的標本，而是合適地去保護、發展和使用。

3.1 | 大豆的營養價值

蛋白質和油分是人類和動物不可或缺的營養成分，不要小覷一粒小小的大豆種子，它的重量之中約有 36–40% 是蛋白質，20% 是油分。大豆是全世界食用植物蛋白質和植物油的主要來源，2020 年分別佔了總消耗的 71% 和 29%（Box 3.1）。由中國營養學會發表的《中國居民膳食指南》推薦核心第三項，便包括了鼓勵多吃大豆[1]。

Box 3.1

二〇二〇年全球蛋白質和食用油消耗

2019-2020 全球植物蛋白和食用油消耗

- 大豆 71%
- 油菜籽 12%
- 向日葵 6%
- 棉籽 4%
- 棕櫚仁 3%
- 花生 2%
- 其他 2%

2020 全球植物食用油消耗

- 棕櫚 36%
- 大豆 29%
- 油菜籽 14%
- 向日葵 9%
- 棕櫚仁 4%
- 花生 3%
- 棉籽 2%
- 椰子 2%
- 橄欖 1%

食用蛋白質

蛋白質是由不同排列的胺基酸組合產生，在身體中起著結構（如肌肉）、調節（如胰島素）、酵素（如消化酶）等功能。植物和細菌一般能自行合成所有需要的胺基酸，但人類和動物則需要靠進食及消化其他生物的蛋白質，來補充自身不能合成的必需胺基酸。

人類如果缺乏足夠及合適的蛋白質，縱使吸收了足夠的熱量，能夠維持生命，仍然會出現營養不良的現象。有時我們在電視或相片中看到一些貧窮地區的兒童，身材瘦小卻撐著一個大肚子、骨骼脆弱、缺乏肌肉，這個營養不良的症狀稱為 Kwashiorkor，正是由於膳食中蛋白質不足而引起的，較多出現在貧困的地區。根據聯合國糧食及農業組織的統計，世界的食用蛋白質供應並不平均，不同地區有很大的落差（Box 3.2）。據推算，目前全球蛋白質不足的人口超過 12%（近 10億人），如果溫室氣體排放持續，到 2050 年將會超過 15%（約 14 億人）。溫室效應主要影響小麥、水稻、馬鈴薯這些主糧的生產，依賴這些農作物獲得蛋白質的地區，如撒哈拉以南的非洲大陸、印度、東南亞以及一些中美洲地區將會首當其衝受影響[2]。對於這些蛋白質供應較短缺的地區而言，肉類可能是奢侈品，其他主糧能提供的蛋白質又不足，因此廉價的大豆便可大派用場，成為食用蛋白質的主要替代來源。

在聯合國 17 項永續發展目標[3]中，終止飢餓（第二項）與消除貧窮（第一項）是息息相關的，而終止飢餓必須有均衡營養才算成功，才能為第三項良好健康與社會福利打好基礎。而含有豐富蛋白質的大豆種子可以扮演這重要的角色。

Box 3.2

二〇一七年全球人均蛋白質供應（克）

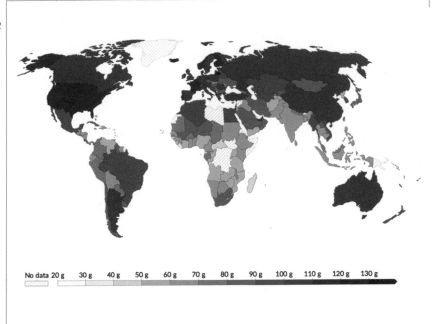

No data　20 g　30 g　40 g　50 g　60 g　70 g　80 g　90 g　100 g　110 g　120 g　130 g

參考資料：聯合國糧食及農業組織（FAO）

人類進食後，消化系統會將食物中的蛋白質轉化為可吸收的胺基酸，身體再將胺基酸重組成為我們的蛋白質。按蛋白質消化率校正的胺基酸評分，大豆種子的蛋白質非常優質，與牛奶和雞蛋蛋白同屬最高級別[4]，因此，大豆種子是素食者，或是未能獲得足夠膳食蛋白質的人所需的蛋白質和胺基酸的重要來源。

要合成生物體內的蛋白質，共需要 20 種胺基酸，動物和人體中不能自給自足的必需胺基酸，包括苯丙胺酸、纈胺酸、蘇胺酸、色胺酸、異白胺酸、白胺酸、組胺酸、賴胺酸，以及甲硫胺酸九種。

大豆種子的蛋白質中富含各種胺基酸，唯獨是甲硫胺酸（methionine）含量低，所以作為動物飼料時，有時需要額外添加甲硫胺酸。動物飼料在美國是一門大生意，2019 年甲硫胺酸的市場價值估計達 56 億美元 [5]。因此大豆成為了作物營養改良的對象，並且是通過基因改造改良作物營養的第一個成功案例，然而，卻又是引起消費者對基因改造食品存有戒心的一個重要例子。

巴西果仁中的 2S 清蛋白（albumin）有很高的甲硫胺酸成分，1987 年，科學家將巴西果仁 2S 清蛋白的編碼基因成功複製 [6]。先鋒公司（Pioneer Hi-Bred International）將這基因轉移到大豆，成功增加大豆種子的甲硫胺酸含量，成為第一個成功利用基因改造技術改良種子蛋白的範例。但由於有部分人對巴西果仁有過敏反應，有科學家在 1996 年發表報告 [7]，對基因改造的富含甲硫胺酸大豆進行免疫檢測，結果發現對巴西果仁過敏的人士同時對這種基因改造大豆過敏，原因就是在於巴西果仁 2S 清蛋白。負面新聞馬上鋪天蓋地而來，其中《紐約時報》（The New York Times）的標題是：遺傳工程傳播過敏 [8]。

話得說回來，這產品原來是用作飼料，還未推出市場便停下來了，並未真正進入食物鏈。曾有坊間傳聞說有多少人因食用這種基因改造大豆死亡或傷殘，都是穿鑿附會的。這個案例之後，監管機構對檢測基因改造食品的致敏原有了嚴格的規定。

這個故事的教訓是，一種新的技術既帶來希望，也帶來風險。過分樂觀和無謂恐懼，甚至是以訛傳訛，都不符合科學規律。

其實，對於素食者，均衡飲食便可以解決必需胺基酸的問題。大豆種子能提供大量的植物蛋白和植物油，除了甲硫胺酸外，其他必需胺基

酸都很充裕；另一方面，提供主要熱量的米飯並不缺乏甲硫胺酸，但另一種必需胺基酸──賴胺酸（lysine）的含量卻較低。所以吃素的人，只要兩者都進食便能得到完整的胺基酸組合。如果再以蔬果補充礦物質和維生素，人體所需的基本營養成分都會齊全了。

有一點要注意，大豆種子是不能生吃的，否則會影響消化。大豆種子中有一種反營養物質，叫胰蛋白酶抑制物（trypsin inhibitor），胰蛋白酶是身體用來消化蛋白質的，它受到抑制，消化便出現問題，這原是大豆保護自己以免被動物過度食用種子的方法，但卻影響了人類的消化效率。幸好大豆中的胰蛋白酶抑制物會在加熱後失效，所以只要煮熟大豆，便沒有上述的問題。

食用油

油分是每個細胞的必需成分，亦是貯存能量的主要生物分子，有些磷脂更有調節代謝功能。脂肪酸是油分的重要組成，人類可以通過食用或是靠自身製造獲得大部分的脂肪酸，但有兩種必需脂肪酸人類只能靠進食獲得：Omega-3 和 Omega-6 兩類多元非飽和脂肪酸。許多關心健康的朋友都會進食來自深海魚的魚油，為的就是獲得 Omega-3 脂肪酸。

大豆油是中國北方常用的食物油，和其他植物油一樣，大豆油沒有膽固醇，而且富含對人體較健康的多元非飽和脂肪酸，以及能阻止人類身體吸收膽固醇的植物固醇[9]。每 100 克大豆油中，飽和脂肪酸、單元非飽和脂肪酸和多元非飽和脂肪酸分別平均佔 14.9 克、22.1 克和 57.6 克。

大豆油含有 Omega-3 和 Omega-6 兩類必需脂肪酸，每 100 克大豆油

中，分別含有 50.9 克和 6.6 克。一般營養學觀點認為食用這些多元非飽和脂肪酸是對身體有益的，甚至有些研究指出食用 Omega-3 和 Omega-6 類非飽和脂肪酸有助調節血壓和炎症反應，Omega-3 與降低二型糖尿病和某些癌症風險有某程度關聯。科學講求完整的因果關係，所以這些大眾期待的好處，雖然有不少關聯數據，但仍然有待更多能明確其中機理的證據支持 [10]。

大豆油和其他植物油中的非飽和脂肪酸雖然對身體有益處，但也容易氧化變質。為了令大豆油不易氧化，曾經有人希望培育出低飽和脂肪大豆，有些食油工業索性把大豆油氫化（hydrogenation），將非飽和脂肪轉成飽和脂肪，經過這程序，油便不會容易氧化。這樣做或許能延長大豆油的保質期，但卻犧牲了大豆油的營養價值。其他食用植物油亦可能有氫化程序，所以消費者食用豆油或其他植物油時，要仔細看看標籤，因為經過氫化的植物油，會影響有益的非飽和脂肪酸的含量，亦會產生對身體有害的反式脂肪。有關如何通過大豆遺傳改良來改善大豆油的成分，我們在第五章會再討論。

碳水化合物

大豆種子含有大量碳水化合物，佔其重量約 30%，其中膳食纖維佔種子重量 10% 或更高 [11]。大豆膳食纖維中有超過 70% 是不溶性膳食纖維，其餘是可溶性膳食纖維。不溶性膳食纖維有良好的貯水能力，可以增加糞便體積和刺激腸臟蠕動，對預防和治療不同腸道有關疾病，如便秘、痔瘡等會有幫助。至於可溶性膳食纖維，有些研究發現它可能有預防癌變、降膽固醇和提升免疫能力的功效 [12]。

有些人吃了大豆會覺得脹氣，主要原因是大豆種子水溶性纖維中有大

豆低聚糖，原本這些低聚糖有減緩血糖升高速度和降膽固醇的好處，還可以幫助腸道益菌生長。但水蘇糖和棉子糖是導致脹氣的兩種主要成分，我們不能完全消化這些低聚糖，於是，它們與腸道中細菌發酵而產生腸道氣體。遇上這種情形，可以考慮減少直接食豆子，改吃豆製品。

大豆種子的碳水化合物中澱粉成分很低（少於 1%），遠不如大米（約80-90%）、小麥（60-70%）和玉米（大於 70%）等穀物。由於澱粉含量低，對人體能提供的熱量亦相對穀物少，所以當米飯和麵食在漢代興起後，大豆在中國再不屬於主糧，只能算是雜糧。同樣因為澱粉量低，大豆一般不會用來造酒。澱粉是酵母製造酒精的主要成分，所以穀物才是造酒的主要材料。但是，大豆種子的低澱粉含量亦有好處，因為加上它豐富的膳食纖維，有助減輕飢餓感和升糖指數，對高血糖患者有一定的幫助。

維生素、礦物質

維生素和礦物質是食物營養不可或缺的。大豆油中有大量油溶性的維生素 E [13]，又名大豆生育酚，對動物的生殖和發育都有作用。此外，亦有實驗指出大豆維生素 E 有抗衰老、抗腫瘤、抗心血管病、保護肝臟等功能。大豆種子亦富含水溶性維生素如 B1 和對孕婦很有益處的 B9（葉酸），並貯存了鋅、硒、銅、鎂、鈣等礦物質 [14]，有助保持骨骼健康。

醫療藥物和保健食品

大豆種子內有很多重要的成分，可以作醫療藥物和保健食品用途 [15]。

中醫藥有「藥食同源」的概念，簡單來說，好的食品便是治療疾病的藥物。但在西方醫學的角度，對醫療藥物和保健食品的要求是很不一樣的[16]。醫療藥物是針對特定疾病的，除了非處方藥，一般需要醫生處方才能購買，藥物的審批有很嚴謹的程序。大豆油是少數被批准成為藥物成分的植物產品，可以用於注射及口服藥物[17]。

1989 年美國有一位 Stephen DeFelice 醫生提出了一個新名詞：nutraceutical（保健食品），顧名思義，就是通過保健食品獲得醫療和健康功能。由於不需要經過藥物的繁複審批程序，藥品公司紛紛推出從食品中提取及濃縮而成的產品，變成膳食補充品（dietary supplement）出售，2020 年保健食品全球市場價值超過 4,000 億美元[18]。因應高速增長的保健食品市場，各國亦陸續收緊監管制度[19]。

大豆種子有很多保健食品的成分，例如它的磷脂含量和質量，都是植物中最好的，在市面上很受歡迎的卵磷脂（lecithin），便是大豆磷脂的一種。有報導指卵磷脂和與它相關的大豆磷脂可以改善血脂成分，預防心臟病和肝病等[20]，甚至可以舒減疲勞[21]。有這麼多的可能好處，將大豆磷脂用作保健產品沒有太多異議，但能否作藥物使用，還需要更多的臨床試驗。

大豆種子亦是異黃酮的主要來源，大豆異黃酮可以減輕因荷爾蒙失調而引起的骨質疏鬆，是重要的食療產品。亦有研究顯示，大豆種子內富含的皂苷，可能有增強免疫調節、抗凝血、抗腫瘤、調節心腦血管系統等功能。

關於異黃酮，曾經有過一場論戰。異黃酮是植物中的類雌激素，有些報導說異黃酮會增加乳癌風險，甚至懷疑異黃酮會影響男性生育功

能。先談後者，如果吃豆製品會影響男性生育功能，那麼中國、日本和韓國這些長期食用大豆的國家，應該人口稀少，顯然這些人口大國用事實否定了這說法。

當有些報導說大豆異黃酮會增加乳癌風險時[22]，的確引起過一場恐慌。這些實驗以癌細胞和小鼠為研究對象，指大豆異黃酮會促進體外乳癌細胞生長，而用高劑量大豆異黃酮餵飼小鼠亦會增加乳癌風險，但人類與鼠類消化大豆的過程不同，而且不會食用像動物實驗中那麼高的劑量。相反，後續的研究，包括數萬個亞洲婦女的大型及長期流行病學追蹤及臨床數據分析[23]，都否定了這種說法，美國癌症協會和美國臨床腫瘤醫學會都在他們的網頁上為大豆平反[24]。目前的證據顯示，大豆異黃酮不但不會增加乳癌風險，反而有一定的預防作用，但女性要在青春期或以前便開始進食，才有較顯著的效果。

食用豆產品改善皮膚？

2014 年英國科學家發表了一項研究結果，以停經後的婦女為研究對象，讓她們服用大豆異黃酮、番茄紅素、維生素 C、維生素 E 和魚油的混合劑，發現能減少眼睛魚尾紋區域周圍的皺紋深度，並改善皮膚緊緻度和彈性，原因可能與新膠原纖維在真皮層的沉積增加有關[25]。在這混合劑的成分中，大豆異黃酮扮演促進膠原蛋白合成的角色。後來在 2018 年，日本科學家報導讓停經前婦女飲用發酵豆奶八星期，然後填寫問卷自評皮膚狀態，結果都是感覺到皮膚有所改善，但在停止食用後，效果便逐漸消減[26]。雖然有上述的研究，歐洲食品安全局仍然拒絕了有關大豆異黃酮與皮膚功能相關的健康聲明的授權，認為皮膚皺紋只是皮膚含水量的間接參數，不足以單獨成為皮膚健康的指標[27]。

食用豆產品會增加痛風的迷思

痛風（gout）和類風濕性關節炎是現代人的一大煩惱。兩者的症狀有點類似，但形成機理是不一樣的。類風濕性關節炎是自身免疫系統疾病，痛風則是因為關節間有尿酸（uric acid）結晶的積累而產生。導致血液內尿酸增加的因素包括酒精、食物、藥物、腎病、遺傳等。

進食高嘌呤（purine）含量的食物，通過代謝作用，有可能導致血液內的尿酸增加。因此，減少痛風症狀的方法之一可能便是控制飲食。2014 年日本科學家發表了一篇綜述，總結了 270 種食物嘌呤含量的測試 [28]，結論是有一些動物和魚類的內臟和肉，以及一些菇類、酵母和乾海藻含有中至高的嘌呤成分。至於大豆製品，則有些屬於低嘌呤含量（少於 50mg/100g），例如鮮豆腐、豆漿、菜用大豆等；但有些則屬中嘌呤含量，例如凍乾豆腐、原粒乾大豆、納豆等，令民眾產生了吃大豆會加強痛風症狀的印象。

食物內含嘌呤是否就表示會增加血液尿酸呢？2018 年中國科學家描述了一個小型實驗 [29]，食用豆製品一小時後，人體血液尿酸會增加，然後開始下降。因為實驗對照組只飲清水，所以無法衡量與其他食物相比，食用豆製品所引起的尿酸是高還是低。不同豆製品之間比較顯示，豆腐和豆腐乾升幅較小，豆奶、豆粉和完粒大豆升幅較高，食用豆腐和豆腐乾三小時後，血液尿酸的升幅基本上已經歸零。豆腐製作時有浸泡和蛋白質沉澱的過程，可以去掉大部分水溶性的嘌呤，這可能是豆腐引起的血液尿酸升幅較小的原因。

所有上文談及的研究都是間接數據，不能完全代表食用豆製品對痛風所帶來的真正風險。2011 年美國和新加坡的科學家分析了六個流行病學和臨床報告，結論是沒有數據顯示食用豆製品與痛風有因果關係 [30]，喜歡吃豆製品的朋友，應該可以鬆一口氣。

3.2 | 大豆的環境價值

農作物的生長和最終產量受到土壤環境影響，因為它所需的主要元素如氮、磷、鉀，以及其他礦物質和微量元素，都是由土壤提供。根據利比希最低量定律，植物生長時，即使所有其他元素的含量都足夠，產量仍會受到缺乏任何一種必需元素的限制。經過長期種植，土壤中一些所需元素便會短缺，尤其是需求量大的氮、磷、鉀。因此，施加肥料是需要的手段，而在現代的常規，尤其是具規模的農場，大都會使用化學合成或提煉的氮、磷、鉀肥料。

與其他作物相比，豆科作物擁有獨特的生物固氮能力，能將空氣中的氮氣轉化為有機氮，從而減少對氮肥的需求。空氣中約有 78% 為氮氣，可說是取之不盡的氮來源，只是一般生物都無法直接利用。過度使用氮肥嚴重破壞環境，因此通過種植大豆來減少使用氮肥，對可持續環境裨益莫大。

氮肥對環境的影響

為了保障產量，施加肥料是農業常見的手段。數據顯示，施加氮肥的份量與穀物的產出呈正相關，但不同地區使用氮肥的成效，會有很大的差距 [31]，這說明還有很多改進施肥的空間。

2016 年，與種植農作物相關（農地、土壤、水稻田、伐林、刀耕火種等）的碳排放量約佔全球總量的 13%[??]。生產化肥需要大量能源，而有些化肥如氮肥在使用時更會釋出溫室氣體，所以施加化肥是種植農作物其中一個主要的碳排放來源。

按聯合國糧農組織 2017 年統計數字，氮肥佔世界主要肥料（氮、磷、鉀）的總使用量超過一半，中國每公頃田地所施的氮肥量，更是世界平均水平的三倍[33]。用歐洲 2011 年的標準估算，製造和使用硝酸銨氮肥和尿素氮肥，每公斤氮產生的溫室效應，約分別等於 9.1 公斤及 11.2 公斤二氧化碳排放量[34]。這些數字是假設氮肥在當地使用，沒有計算運輸氮肥帶來的排放。然而，不同國家製造氮肥的環保標準不同[35]，而標準較嚴謹的歐洲的碳排放量是相對低的，而中國和亞洲地區則較高，特別是當中國用煤炭為能源製造氮肥的時候，每公斤氮肥的碳排放是最高的。所以，中國在控制碳排放的努力，主要部分應該放在減少氮肥使用，另外是運用更環保的方式生產氮肥。

當過量施加氮肥時，沒有被農作物充分利用的氮會從農田中流失，進入環境，影響空氣和水質。例如多餘的氮會被雨水沖刷而流入水道，或是經土壤滲漏進入地下水。高水平的氮會導致水體過度營養化，影響水中的生態。

土壤中的氮肥（無論是化學合成或是有機肥）可以由氣態氮基化合物的形式從農田中流失，如氨和氮氧化物，包括由微生物作用產生的氧化亞氮（nitrous oxide）（Box 3.3）。氧化亞氮的溫室效應約是二氧化碳的 300 倍，平均在大氣中停留 116 年。2000–2016 年間，70% 的一氧化二氮便是由施加氮肥引致[36]。至於釋放到空氣中的氨，會協助形成 PM2.5 懸浮粒子，PM2.5 懸浮粒子是指在空氣中直徑小於 2.5 微米的

粒子，人類只要短暫暴露在 PM2.5 下，便會增加心臟和肺部疾病，以及急性和慢性支氣管炎、哮喘發作等呼吸道症狀的風險，長期處於高 PM2.5 下甚至會增加死亡率。

Box 3.3

全球氮肥使用與氧化亞氮排放關係

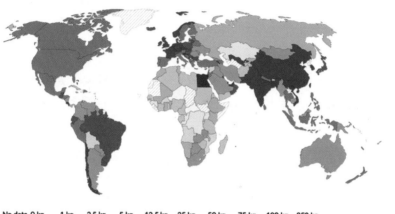

2017 年每公頃氮肥使用量（公斤）

No data 0 kg   1 kg   2.5 kg   5 kg   12.5 kg   25 kg   50 kg   75 kg   100 kg   250 kg

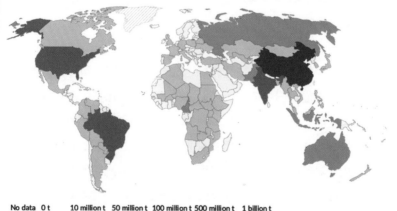

氧化亞氮排放，以 100 年的溫室效應計算，換算為二氧化碳重量（公斤）

No data   0 t   10 million t   50 million t   100 million t   500 million t   1 billion t

參考資料來源：聯合國糧食及農業組織（FAO）、Climate Analysis Indicators Tool (CAIT)

固氮功能

種植農作物需要氮素，尤其是在貧瘠的土地上，否則會導致低產，但製造和使用氮肥又會破壞環境，這對農業生產是兩難題。最理想的方法是由農作物自己獲取氮，而豆科作物便擁有這種神奇的功能：生物固氮（Box 3.4），既提供農作物所需的氮素，另方面又能改善土壤質素。

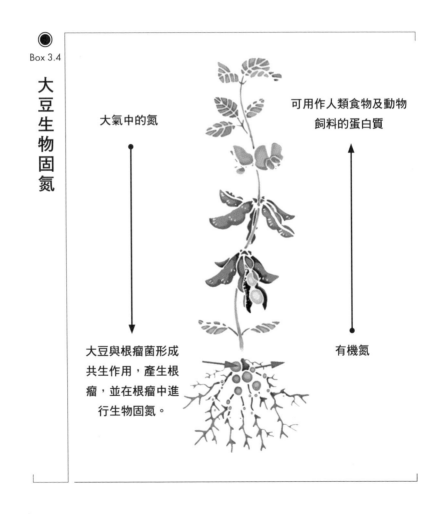

Box 3.4

大豆生物固氮

大氣中的氮

可用作人類食物及動物飼料的蛋白質

大豆與根瘤菌形成共生作用，產生根瘤，並在根瘤中進行生物固氮。

有機氮

豆科植物如大豆通過與根瘤菌的共生作用形成根瘤，植物提供根瘤菌營養及所需條件，根瘤菌負責固氮功能，產生的有機氮通過運輸供應植物各部分。通過固氮作用，大豆可以提供平均 50－60%、甚至可達 90% 自身所需的氮素。每公頃的大豆，每年平均固氮 100 公斤 [37]，換算後大概為世界節省超過 900 公斤二氧化碳的排放。以 30 年冷杉吸收 111 公斤二氧化碳換算 [38]，種植一公頃大豆一年，節省的二氧化碳可媲美 8 株 30 年冷杉。

通過大豆的固氮能力來改善土壤的氮含量，間接亦會幫助共處一地的其他農作物的生長，所以大豆也是它們的益友。在耕種實踐中，大豆與其他農作物輪作和間套作是常用的手段。輪作是指將大豆與其他農作物輪替種植；間套作則是將大豆與其他農作物在同一田地上間隔種植。間作是同時播種；套作是先後播種，例如玉米大豆套作是先播玉米，再播大豆，初時較高的玉米會擋住了一些陽光，大豆生長較慢，玉米收割後，大豆便會快速長大，然後可以收成。套種的應用主要是在每年種植季節長於一季、但又短於兩季的地方，希望把陽光資源盡量利用。

應用豆科植物養田的傳統智慧

中國古代農耕書籍早有記載如何通過輪作和間作豆科植物來養田（Box 3.5）。西漢《氾勝之書》中有提到大豆輪作間作，並對大豆根瘤有初步的描述和觀察。「豆生布葉，豆有膏。」「盡治之則傷膏，傷則不成。」意思是豆子長出第一片真葉後，開始形成「膏」（根瘤），可以滋養大豆生長。不要把「膏」完全清除，如果弄傷了「膏」，便會影響產量。

《氾勝之書》由西漢晚期氾勝之所著，應該是世界上最早的農書，記錄了西漢時期，農耕技術已經有長足發展。例如現代視為節水農業主力的滴灌技術，其雛形早已見於《氾勝之書》。該書開創以不同作物為分類，來記載相關的具體栽培技術。可惜原著在宋代散失，但其內容則經常被後世的農書引用。

《齊民要術》為北魏官員賈思勰所著，是現代中國保存得最完整的一本農書，收錄黃河流域一帶農牧、蠶桑、園林等技術，內容援引了一些已失傳的漢晉重要農書，如《氾勝之書》、《四民月令》等。全書超過十萬字，引書 160 種以上，是了解古代中國農業的重要工具。

《齊民四術》由清代包世臣撰寫。四術原是指農、禮、刑、兵四方面。有關農業的部分，除了參照前代農學書籍，還加進了江淮一帶的農業生產技術，內容涵蓋土壤、種子、農牧、蠶桑、植樹等。

《農蠶經》為清代蒲松齡所著作，分為《農經》和《蠶經》兩大部分，農業部分按農家月列舉應做的事項。這是一本地方性的農書。

北魏《齊民要術》列出了豆科植物與不同農作物的種植次序，即是輪作的方案。此書亦有討論利用豆科植物間作和混合種植，例如在〈種桑柘〉篇中：「綠豆、小豆，二豆良美，潤澤益桑。」說明間種豆科植物可以幫助桑樹生長。清代《齊民四術》亦有類似的說法，這次談到的是大豆：「桑下收豆又益桑，此分外之利也。」此外，清代《農蠶經》亦指出豆、麻間作有利於麻的增產和防治豆蟲。

雖然利用大豆和豆科作物養田，早已是中國農業傳統智慧，但通過豆科作物輪作系統所引起的巨大改變，還是以英國的農業革命最為深遠。17 世紀中期至 19 世紀末，英國迎來了一場農業革命，其中一項重要改革，也是與豆科農作物有關。

瓦斯蘭地區（Waasland；今比利時北部）的農民在 16 世紀初開創了四地輪作。1730 年 Charles Townshend 將小麥、大麥、蕪菁（類似蘿蔔）與三葉草（豆科）四田輪作技術引進諾福克（Norfolk）[39]（Box 3.6）。這種輪作技術後來在英國繼續改良並大規模應用，利用豆類作物的輪作增加了土壤中的氮，亦無須休耕，不間斷地供應人和牲畜的食物需求。1765 年與 1705 年相比，英國小麥出口增加了超過八倍，牲畜也不需要因為缺乏飼料而要在冬季前屠宰，因此也改善了數量和質量。隨著農作物產量的大幅度提高，形成了運輸的需求，與此同時，農業豐收令田間所需要的勞動力減少，被釋放出來的勞動力又可以為製造業提供人力。這些都為英國 18 世紀的工業革命打下基礎。

Box 3.6

英國農業革命中的四田輪作

小麥：人類消費

三葉草：固氮、動物飼料

大麥：人類消費

蕪菁：動物飼料

種植大豆對環境的多重好處

無論是傳統智慧或現代科學，都指出種植大豆對環境的好處。可是，在一些大規模的大豆種植田中，為了方便和保障產量，往往會施加過量氮肥，結果是抑制了大豆的固氮作用，浪費了減排的好機會。再者，長期在大豆田中使用大量氮肥，會令固氮能力強的大豆失去優勢，漸漸被淘汰。筆者在一次國際會議中聽到有人倡議培育失去固氮能力的大豆，因為能固氮的大豆將能量花去固氮，變相減低應有的產量，土壤中的氮可以通過施加平價的氮肥補充。雖然這種做法可能真的有增產效果，但卻忽視了長期的可持續發展，幸好這種想法並未得到其他人附和。

如上文提及，施加氮肥會通過轉化為空氣中的氨，增加空氣中的PM2.5 懸浮粒子。一項跨學科合作研究通過電腦模擬和田間數據驗證發現，如果將中國的玉米田大規模改作大豆玉米間作，一方面能夠減少氮肥的使用和節省成本，亦會增加農作物總收入，而且還可以減少空氣中的 PM2.5 懸浮粒子，同時帶來減排、增收和改善空氣品質的好處。所以，除了減排外，種植大豆還可以改善空氣品質 [40]。

可持續大豆種植的考量

現代大面積農作物種植都會盡量利用機械，以前需要大量人力用上數天的工作，例如播種和收割，機械可能只需要數小時。有中國東北的朋友告訴筆者，在機械化以前，東北已經在大面積種植大豆，通過人手在廣闊的農田上播種，往往要超過一天，農民要帶著種子和口糧上路，而且要在幾公里的長度上都保持直線是很困難的，但今天有衛星導航的拖拉機便可以輕易及快捷地做到。

為了提升成本效益，在機械化耕作的農地上，很多都會單一種植同一農作物（monoculture），甚至是同一品種，這樣無論是播種、加藥、收割都可以用機器有效進行，因為種不同農作物會有不同需要，而且成熟期不一樣，結果是要用上不同機器在不同時段來操作，增加成本。為了方便和經濟原因，有些大面積種植區會在每年都是種同一種農作物，稱為連作（continuous cropping）。這樣做會令土地中該農作物所需要的養分減少，亦會容易引起病蟲害爆發，雖然可以通過有效的農田措施，包括施加農藥來控制 [41]，但仍然對可持續環境帶來負面影響。

所以，種植大豆雖然對環境有各種好處，但這並不表示要鼓勵在同一土地上單一種植大豆和連作。利用大豆做輪作或間套作，始終是可持續農業的首選。在大面積農地上，間套作或許會影響成本和機械操作效率，但與其他作物輪作卻是可行的方案。

經過長時期的實踐，證明輪作是可持續農業的一個重要手段。它可以帶來很多好處，包括有效利用水資源、提升土地生產力、維護土壤、防止病蟲害、充分全年利用土地生產，以及應對氣候變化等 [42]。美國中西部的玉米帶（corn belt）是全美生產玉米和大豆的主產區，大豆玉米輪作在那裡是大面積推廣的措施，明顯對農業環境和生產都裨益不淺 [43]。

大規模種植大豆和其他農作物，另一點要注意的是要避免開墾如森林等重要自然生態系統，否則便是直接破壞生態環境。南美的大豆生產大國便遇上了這種問題，也引起了環保團體的關注 [44]，需要用額外的行政措施來緩解，在下一章有關南美大豆開展的部分，會再討論這個問題。

食用大豆對環境的好處

消費者在享用食物的時候，往往忘記了製造食物時所付出的環境代價。筆者在 2013 年發表的一篇論文中，曾經指出世界，特別是中國的食物結構發生重大改變，對肉食的需求有急劇增加的趨勢。中國經濟增長提升了人民的收入，他們對肉類的消費有越來越多的要求，所以中國對作物需求的急劇增加不只是因為人口增長，更大原因是對飼料的需求 [45]。

作為進一步對這個問題的探討，一項新研究發現世界和中國的肉食趨勢在近年來一直持續。世界在過去 50 年的肉食需求大概增加了三倍，其中已發達國家消耗最多，已知的問題是增加了人們心血管疾病和對飼料的需求。中國在肉食量不斷提升的情況下，也要面對與發達國家同樣的問題。最近一項研究以中國為例子，探討人口大國飲食結構改變對環境的可能影響 [46]。結果發現因為人均肉食量升高，需要大量種植農作物提供動物飼料，引致肥料使用增加，結果提高了 PM2.5 懸浮粒子的水平，成為空氣污染惡化的主要因素。按推算，1980–2010 年，由於中國的飲食結構改變（主要是肉食量增加），農業的氨排放增加了 63%，每立方米增加了近 10 微克 PM2.5 懸浮粒子，這些改變，可能導致每年九萬人過早死於空氣污染相關疾病。雖然這只是電腦模擬的結果，仍然有很大的參考價值。

不同食物雖然會提供類似的營養成分（例如不同的動植物都可以提供蛋白質），但它們的碳排放是不一樣的，而且不同生產者在生產同一類食品時，也會因為對環保標準不同而產生不同的碳排放，以及土地和淡水資源的消耗 [47]。所以，對於環境，人類食用的蛋白質的意義是不一樣的。反芻動物造成的碳排放是最嚴重的，大豆的植物蛋白對環

境最友善。大豆能提供媲美牛奶和雞蛋的優質蛋白,所以多吃大豆少吃肉,當屬減少碳排放的消費者實踐。

有些消費者既因為健康和環境原因希望多吃素,但又不想放棄肉食的味覺享受,取代肉應運而生。由於取代肉和培植肉都是新科技食品,有些人會產生混淆,但其實兩者是完全不同的。取代肉是用植物原料做成與動物肉(如牛肉和豬肉)味道和口感都非常相似的產品;培植肉則是利用生物工程培養動物的肌肉細胞而成,雖然沒有殺生,但肉的本質仍源自動物。

取代肉中的蛋白質來源主要是大豆,原來人造牛肉的牛肉味也是來自大豆的。以往消費者對人造肉的批評是沒有肉味,吃下去不是味兒。科學家了解到牛肉的味道主要是來自「血紅蛋白」,在動物中「血紅蛋白」是用來運輸氧氣的。但在大豆根瘤內,有一種「大豆血紅蛋白」,是用來捕捉根瘤細胞內的游離氧分子,從而減少該等分子對固氮酶的抑制,從而促進大豆生物固氮的功能。「大豆血紅蛋白」和動物的「血紅蛋白」結構十分相似,食品製造商於是將「大豆血紅蛋白」的編碼基因複製,並轉移到酵母,通過酵母大量製造「大豆血紅蛋白」,然後添加到人造肉,結果得到了類近牛肉血的味道。因為在酵母中製造「大豆血紅蛋白」也是基因改造技術的一種,美國食物安全中心(民間組織)曾向美國食品藥物管理局提出異議,要求暫停使用此種技術。美國食品藥物管理局最後維持原判,容許以食品顏色添加劑的方式使用酵母製造的大豆血紅蛋白[48]。

人造肉利用大豆作為主要原材料,照理對環境有好處。但這些取代肉經過多重加工,過程中也會有碳排放,所以,具體對環境的好處,還可以通過優化生產系統而提升。還有一點爭議是,目前人造肉的售價

與真正的動物肉相若，甚至更貴，未必能令低收入者受惠。

多用途的大豆

大豆除了用在食品和飼料外，還有很廣泛的用途。例如大豆蛋白質可提供廉價、可再生、可持續、可降解的衣物纖維 [49]。大豆蛋白質纖維具有天然纖維的許多優良品質，如堅韌度、回潮率、柔軟光澤的手感、可染性和色澤維持能力，也擁有合成纖維的一些功能特性，例如阻燃和抗紫外線。相對於天然動物纖維，如羊毛和絲綢（成分也是蛋白質），大豆蛋白質纖維的成本會低很多。

第一個穿著大豆蛋白質衣服的人，是福特汽車的始創人亨利・福特（Henry Ford）。他一直希望將農業和工業結合，夢想是從田地中種出工業產品。1941 年 7 月 30 日，亨利・福特在他的 78 歲生日那天穿上了一件全由大豆蛋白製成的衣服，以當時的技術來製造這件大豆蛋白衣 [50]，成本是天價，當然乏人問津。

在 20 世紀中葉至 60 年代，植物蛋白質纖維的開發曾經引起過一陣熱潮，後來大家的注意力轉移到由廉價石油化工產品製成的聚合物所合成的人造纖維，大豆蛋白質纖維沒有引起更多關注。經過半個世紀，大豆蛋白質纖維生產和製作技術日益改善，生產成本下降，特別是種植大豆在可持續發展中有著日益重要的地位，大豆衣物纖維的應用和發展又重拾了動力。

此外，有一些研究指出大豆亦可以參與造紙工業 [51]。在再造紙的製作過程中，加入大豆粉或大豆蛋白質可以減少製作時的黏度，並會增加再造紙的韌度。此外，亦有研究團隊開始分析大豆枝梗的纖維素特

性，探索利用來直接造紙的可能性。

大豆的其他產品還包括木材黏合劑、家用和商用地毯、工業潤滑劑、溶劑、清潔劑和油漆的成分，大豆油製成的肥皂、護膚品、低煙霧低煙灰蠟燭、無毒油墨和兒童蠟筆等等。

筆者有一次到韓朝交界的「非武裝地帶」旅遊，紀念品部除了子彈外，還有一樣特別的貨品，就是用當地大豆做的大豆巧克力。朝鮮有很悠久種植大豆的歷史，如果不打仗，土地可以用來種大豆，這也可算是大豆的另類神奇用途。

大豆油用作生物柴油的商榷

歐美國家通過立法，規定汽車要使用一定比例的可再生能源（生物柴油），應對全球石化燃料總有一天耗盡的現實。生物柴油的原理是這樣的：光合作用將空氣中的二氧化碳轉化為植物內的碳水化合物和油，有些植物中的碳水化合物可以製成生物酒精，植物油則可以製成生物柴油，燃燒時只是把植物吸收了的二氧化碳重新釋放到空氣中。生物燃料不會枯竭，因為可以再種植，是可再生能源。

2020 年美國消費在生物柴油的大豆超過 380 萬噸 [52]，佔整體生物柴油 60-70%。但是，當發展中國家糧食緊張的時候，發達國家用可以食用的大豆油來提煉生物柴油供應汽車使用是否合適，這是一個可辯論的議題。再者，在種植這些植物來生產生物燃料的過程中，除了光合作用外，還需要施肥及耗用珍貴的淡水資源，將這些環境成本一併考慮時，大豆生物柴油作為可再生能源，好處是否如當初估算的那麼多，也很值得商榷。究竟生物燃料在技術上、經濟上和環境上是否如想像中理想，仍有許多討論空間 [53]。

註

1　2022 年中國居民膳食指南：http://dg.cnsoc.org/index.html（最後瀏覽：2022 年 11 月 7 日）；2021 年中國居民膳食指南科學研究報告：http://dg.cnsoc.org/article/04/t8jgjBCmQnW8uscC_OLLfA.html（最後瀏覽：2022 年 11 月 7 日）

2　溫室氣體加劇地區性蛋白質短缺：Medek 等 (2017) *Environmental Health Perspectives* 125(8):087002.

3　聯合國 17 項永續發展目標：https://www.un.org/sustainabledevelopment/zh/sustainable-development-goals/（最後瀏覽：2022 年 11 月 7 日）

4　大豆提供優質食用蛋白：Glenna J. Hughes 等 (2011) *Journal of Agricultural and Food Chemistry* 59(23):12707-12712

5　2019 年甲硫胺酸市場價值：https://www.grandviewresearch.com/industry-analysis/methionine-market（最後瀏覽：2022 年 11 月 7 日）

6　巴西果仁 2S 蛋白編碼基因的複製：S.B. Altenbach 等 (1987) *Plant Molecular Biology* 8:239-250.

7　巴西果仁 2S 蛋白在基因改造大豆中可以致敏：J.A. Nordlee 等 (1996) *New England Journal of Medicine* 334(11):688-692.

8　*紐約時報對基因改造大豆致敏研究的報導*：*The New York Times*. March 14, 1996.

9　大豆油的成分：https://fdc.nal.usda.gov/fdc-app.html#/food-details/748366/nutrients（最後瀏覽：2022 年 11 月 7 日）

10　非飽和脂肪酸的好處：J. Lunn 和 H.E. Theobald (2006) *Nutrition Bulletin* 31(3):178-224.

11　大豆種子的膳食纖維：A. Redondo-Cuenca 等 (2007) *Food Chemistry* 101(3):1216-1222.

12　可溶性膳食纖維提升免疫力：P.D. Schley 和 C.J. Field (2002) *British Journal of Nutrition* 87(Suppl 2):S221-S230.

13　同註 9

14　大豆種子各種營養成分：Sherif M. Hassan (2013)《Soybean – Bio-Active Compounds》(Hany El-Shemy 編) Chapter 20, INTECH

15　同上

16　醫療藥物與保健食品分別：Ajay Pise 等 (2010) *International Journal of Current Research and Review* 2(8):3-6.

17　大豆油可用作醫療藥物成分：https://www.rxlist.com/search/rxl/soybean（最後瀏覽：2022 年 11 月 7 日）

18　保健食品全球市場價值：https://www.grandviewresearch.com/industry-analysis/nutraceuticals-market（最後瀏覽：2022 年 11 月 7 日）

19　G.N.K. Ganesh 等 (2015) *International Journal of Drug Regulatory Affair* 3(2): 22-29.

20　大豆磷脂的保健作用：N.R. Pandey 和 D.L. Sparks (2008) *Current Opinion in Investigational Drugs* 9(3):281-285.

21　卵磷脂舒減疲勞：A. Hirose 等 (2018) *Nutrition Journal* 17(1):4.

22　有關大豆異黃酮致癌風險的細胞及小鼠實驗：C.-Y. Hsieh 等 (1998) *Cancer Research* 58:3833-3838; C.D. Allred 等 (2001) *Cancer Research* 61:5045-5050.

23　有關大豆異黃酮無致癌風險流行病學及臨床數據分析：X.O. Shu 等 (2009) *Journal of the American Medical Association* 302(22):2437-2443; S.A. Lee 等 (2009) *The American Journal of Clinical Nutrition* 89(6):1920-1926; M. Chen 等 (2014) *PLOS ONE* 9(2):e89288.

24　美國癌症協會和美國臨床腫瘤醫學會否定大豆異黃酮增加乳癌風險：https://www.cancer.org/latest-news/soy-and-cancer-risk-our-experts-advice.html; https://www.cancer.net/blog/2021-10/can-eating-soy-cause-breast-cancer（最後瀏覽：2022 年 11 月 7 日）

25　停經後婦女食用豆製品改善皮膚：G. Jenkins 等 (2014) *International Journal of Cosmetic Science* 36(1):22-31.

26　停經前婦女食用豆製品改善皮膚：T. Nagino 等 (2018) *Beneficial Microbes* 9(2):209-218.

27　歐洲食品安全局不贊成有關豆製品改善皮膚的聲明呈請：Daniela Martini 等 (2018) *Nutrients* 10(1):7.

28　食物中嘌呤含量：K. Kaneko 等 (2014) *Biological and Pharmaceutical Bulletin* 37(5):709-721.

29　食用豆製品增加血液尿酸：Min Zhang 等 (2018) *Asia Pacific Journal of Clinical Nutrition* 27(6):1239-1242.

30　有關食用豆製品沒有增加痛風風險的流行病學及臨床數據分析：M. Messina 等 (2011) *Asia Pacific Journal of Clinical Nutrition* 20(3):347-358.

31　施加氮肥與穀物收穫呈正相關：https://ourworldindata.org/grapher/cereal-crop-yield-vs-fertilizer-application（最後瀏覽：2022 年 11 月 7 日）

32　2016 年全球碳排放類別和份額：https://www.visualcapitalist.com/cp/a-global-breakdown-of-greenhouse-gas-emissions-by-sector/（最後瀏覽：2022 年 11 月 7 日）

33　全球及中國化肥使用：https://ourworldindata.org/fertilizers（最後瀏覽：2022 年 11 月 7 日）

34 歐洲氮肥的碳排放推算：Frank Brentrup 和 Christian Palliere (2008) 《Energy Efficiency and Greenhouse Gas Emissions: in European Nitrogen Fertilizer and Use》 (Updated to include 2011 data) Fertilizer Europe.

35 不同地區製造和使用氮肥有不同碳排放：A. Hoxha 和 B. Christensen (2018)《The Carbon Footprint of Fertiliser Production: Regional Reference Values》International Fertiliser Society.

36 一氧化二氮的環境影響：https://theconversation.com/new-research-nitrous-oxide-emissions-300-times-more-powerful-than-co-are-jeopardising-earths-future-147208 (最後瀏覽：2022 年 11 月 7 日)

37 大豆生物固氮量：Ignacio A. Ciampitti 和 Fernando Salvagiotti (2018) Better Crops 102(3):5-7.

38 30 年冷杉換算二氧化碳吸收：http://www.mnr.gov.cn/zt/hd/dqr/41earthday/dtsh/gytpf/201003/t20100329_2055427.html (最後瀏覽：2022 年 11 月 7 日)

39 Charles Townshend 的四田輪作：https://www.saburchill.com/history/chapters/IR/003f.html (最後瀏覽：2022 年 11 月 7 日)

40 大豆間作的多重好處：Ka-Ming Fung 等 (2019) Environmental Research Letter 14:044011.

41 大豆連作的田間管理：https://www.dekalbasgrowdeltapine.com/en-us/agronomy/continuous-soybean-management-practices.html (最後瀏覽：2022 年 11 月 7 日)

42 輪作的好處：S. Ouda 等 (2018)《Crop Rotation: An Approach to Secure Future Food》Springer Nature Switzerland AG.

43 大豆 - 玉米輪作在美國玉米帶的實施：Bhupinder S. Farmaha 等 (2016) Agronomy Journal 108(6):1-9; F.A.M. Tenorio 等 (2020) Agriculture, Ecosystems and Environment 294:106865; Sherrie Wang 等 (2020) Scientific Data 7:307

44 環保團體對種植大豆導致砍伐森林的關注：https://www.worldwildlife.org/industries/soy (最後瀏覽：2022 年 11 月 7 日)；https://theconversation.com/demand-for-meat-is-driving-deforestation-in-brazil-changing-the-soy-industry-could-stop-it-151060 (最後瀏覽：2022 年 11 月 7 日)

45 中國肉食需求有急劇增加的趨勢：Hon-Ming Lam 等 (2013) The Lancet 381 (9882):2044-2053.

46 中國肉食需求加劇空氣污染：Xueying Liu 等 (2021) Nature Food 2:997-1004.

47 不同食物有不同的碳排放：J. Poore 和 T. Nemecek (2018) Science 260(6392):987-992.

48 美國食品藥物管理局對大豆血紅蛋白的最後裁決：https://www.federalregister.gov/documents/2019/12/19/2019-27173/listing-of-color-additives-exempt-from-certification-soy-leghemoglobin (最後瀏覽：2022 年 11 月 7 日)

49 大豆衣物纖維：Tatjana Rijavec 和 Ziva Zupin (2011) 《Recent Trends for Enhancing the Diversity and Quality of Soybean Products》(Dora Krezhova 編) Chapter 23, 501-522 頁, INTECH; Dionysios Vynias (2011) 《Soybean – Biochemistry, Chemistry and Physiology》 (Tzi-Ben Ng 編) Chapter 26, 461-494 頁, INTECH; Ozan Avinc 和 Arzu Yavas (2013)《Soybean – The Basis of Yield, Biomass and Productivity》(Minobu Kasai 編) Chapter 11, 215-247 頁, INTECH; Demet Yilmaz 等 (2015) Fibres and Textiles in Eastern Europe 23(111):14-24; https://sewport.com/fabrics-directory/soy-fabric

50 亨利‧福特的大豆衣及當時製作的專利技術：https://www.thehenryford.org/collections-and-research/digital-collections/artifact/67258/#slide=gs-280900; Antonio Ferretti (1944) US Patent: 2,338,917.

51 大豆與造紙工業：Ali Tayeb 等 (2017) ACS Sustainable Chemistry & Engineering 5:7211-7219; Zhulan Lu 等 (2015) Bioresources 10(2):2266-2280; Zhulan Lu 等 (2015) Bioresources 10(2):2305-2317; Zhulan Lu 等 (2016) Biomass and Bioenergy 94:12-20

52 美國生物柴油消費：Monthly Biodiesel Production Report (February 2021), U.S. Department of Energy.

53 生物燃料是否可行的討論：https://edis.ifas.ufl.edu/publication/FE974 (最後瀏覽：2022 年 11 月 7 日)

THE HISTORIAL CHANGES OF SOYBEAN IN WORLD TRADE

第四章

大豆在世界貿易中的歷史變遷

4.1 | 現今世界大豆市場的主要持份者
4.2 | 中國大豆生產和需求的歷史變化
4.3 | 美國主導世界大豆的歷程
4.4 | 大豆的森巴王國
4.5 | 阿根廷大豆探戈
4.6 | 國際大豆貿易其他持份者

從期貨市場到中美貿易戰，都會聽到大豆這貨品，它是一種舉足輕重的油類經濟作物（cash crop）。

在國際貿易市場上，大豆不只是食品，它更是一種重要的軟商品。硬商品是指通過開採和提煉而獲得的天然資源，軟商品則包括需要種植的農作物和飼養的家畜。在期貨市場上，軟產品還未實際生產出來時，已經會為它們定下一個未來到期日的價格。大豆及大豆油的國際期貨市場分別早在 1940 和 1950 年便建立 [1]。大豆之所以成為重要期貨，是因為有些地區需求量很大，需要在國際市場上購買。2020 年世界大豆總出口量為 1 億 7,000 多萬噸，價值 641 億美元。

那麼多的大豆是用在甚麼地方呢？當我們談大豆，或許很多時候馬上會聯想到豆腐、醬油、豆奶、毛豆等食品。但事實上，目前世界的大豆大部分都是給動物食用的。2017–2019 年，只有約 20% 大豆是供人類食用的（13% 豆油；7% 其他食品），70% 會用作動物飼料（37%、20.2%、5.6% 分別用在家禽、豬和海產養殖），7% 給動物直接食用，生物柴油也佔了約 2.8% [2]（Box 4.1）。

大豆加工製品不斷增加，主要的推動力是飼料、豆油和生物柴油的需求發展。全球肉食需求在過去 50 年中翻了數倍 [3]，世界對大豆的需求也因而水漲船高。

Box 4.1

大豆的用途

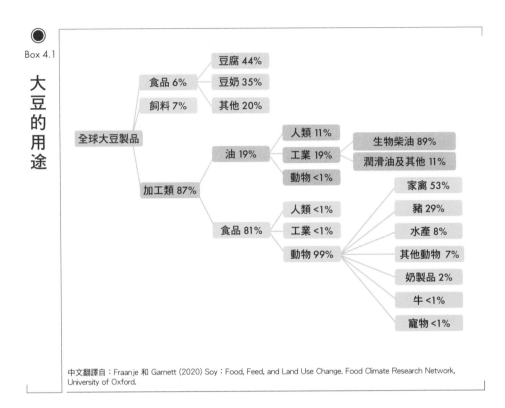

全球大豆製品
- 食品 6%
  - 豆腐 44%
  - 豆奶 35%
  - 其他 20%
- 飼料 7%
- 加工類 87%
  - 油 19%
    - 人類 11%
    - 工業 19%
      - 生物柴油 89%
      - 潤滑油及其他 11%
    - 動物 <1%
  - 食品 81%
    - 人類 <1%
    - 工業 <1%
    - 動物 99%
      - 家禽 53%
      - 豬 29%
      - 水產 8%
      - 其他動物 7%
      - 奶製品 2%
      - 牛 <1%
      - 寵物 <1%

中文翻譯自：Fraanje 和 Garnett (2020) Soy：Food, Feed, and Land Use Change. Food Climate Research Network, University of Oxford.

這一章會介紹大豆這種源自中國的農作物，如何在清廷容許漢人進入東北開墾的契機下，在東北起飛。東北在一戰前後成為全球大豆最大的出口地，日本在其中有重要的角色。「九・一八事變」導致日本全面佔領東北，當中亦涉及爭奪東北大豆的貿易控制權。

大豆從中國引進美國後，美國有幾個重要法案保護了大豆在美國的發展。二戰期間日本禁運東北大豆，此消彼長，造就美國躍升成世界大豆市場霸主。

上世紀 90 年代中後期中國經濟急速發展，改變了國民膳食結構，大幅增加油和肉的食用，因此對大豆消費產生強大需求，漸漸發展成全球最大入口國。由於中國進口大豆的驚人潛力，美國的出口未能滿足，於是推動了南美洲國家如巴西和阿根廷投入大豆生產行列，希望藉此提升國民經濟。與此同時，大面積的大豆生產，又令環保人士擔憂南美森林和草原的保育。

本章會介紹大豆的生產和經濟，如何穿插在縱向的歷史與橫向的國際關係之間，使它的地位遠超一種簡單的農作物。

4.1 | 現今世界大豆市場的主要持份者

2020 年，大豆的四大生產國是巴西（約 35%）、美國（約 32%）、阿根廷（約 14%）和中國（約 6%），合共佔世界總產量約 86%。從 1960 年至今，四大生產國的產量都有增加。巴西、美國和阿根廷的增產是靠並行增加種植面積和單產（即每單位面積產量）而提升的（Box 4.2）。2000 年後美國大豆種植面積開始穩定下來，阿根廷的種植面積在近年也開始停止增加，唯有巴西仍然有上升的趨勢。

中國的大豆增產則主要靠提升單產，種植面積不但沒有明顯增加，有些年份反而下降，中國是人口多但耕地和淡水資源少的國家，增加大豆種植面積相對困難，下文會更詳細討論這個問題。現今中國大豆平均每公頃農地約產兩噸，比起上世紀 60 年代中期的一噸翻了一番，這要感謝努力不懈的中國大豆科研人員。可是，巴西、美國和阿根廷每公頃農地平均可產三噸，仍然領先中國一段距離，但亦表明中國大豆單產還有增值的空間（Box 4.2）。

歐洲曾是世界大豆最大淨進口地區，但在 2000 年左右被中國超越，故近年形成了巴西和美國是最大出口國，中國是最大進口國的格局（Box 4.3）。阿根廷雖然也盛產大豆，亦曾一度是出口大國，但近年出口量有所減少，但仍是大豆油和豆粕的主要出口國。

Box 4.2

美
國
、
巴
西
、
阿
根
廷
和
中
國
的
大
豆
產
量
、
種
植
面
積
及
單
產

美國、巴西、阿根廷和中國的大豆種植面積（公頃）

美國、巴西、阿根廷和中國的大豆產量（公噸）

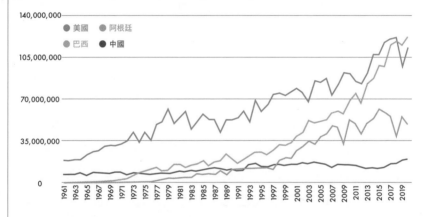

美國、巴西、阿根廷和中國的大豆單產（公噸／公頃）

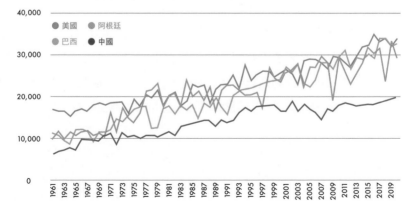

數據來源：聯合國糧食及農業組織

大豆在中國有悠久的種植和食用歷史，中國東北在上世紀 10-30 年代間曾經　度成為世界大豆主要出口地，佔國際出口市場達 80-90%，但今天中國卻是最大進口國，從國際出口市場購買 60% 以上的大豆。此消彼長的背後，是甚麼因素推動的呢？或許在理解歷史變化的同時，以史為鑑，並參照其他國家經驗，可以找到中國大豆業應如何應對未來發展的一些啟示。

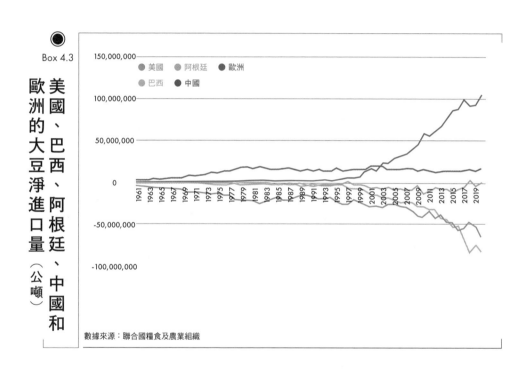

Box 4.3

美國、巴西、阿根廷、中國和歐洲的大豆淨進口量（公噸）

數據來源：聯合國糧食及農業組織

4.2 ｜ 中國大豆生產和需求的 歷史變化

漢人雖然有很悠久食用大豆和豆製品的習慣，但自漢代開始以飯和麵作為主要口糧後，大豆就變成了雜糧。因為要預留土地種口糧，大豆多數是分散種植，或是用來輪作養地。累積了長期種植的經驗，漢人十分掌握大豆的種植方法，以及相關食品的製作技術，但是受土地資源的限制，沒有發展大面積生產的空間，直至清皇朝開放漢人移居東北，開墾草原地與林地，才出現大面積的大豆種植。

東北大豆的崛起

清皇朝的統治者為滿族，先世為女真人，《大金國誌》中有提及女真人「以豆為漿」，但並沒有女真人種植大豆的記載。

滿族居住的滿洲主要是指今天的東北三省（遼寧省、吉林省、黑龍江省）及內蒙古東北部地區和河北省承德市（清代稱為熱河省）。明代曾經推行移民遼東（在遼寧省內）政策，令到當地的漢人數目大增，但明末時遼東已成為滿人的土地，漢人大量遷離。

清皇朝入主中原，把東北拼入中國版圖。但當時東北因清軍入關，漢人移居關內（山海關以西），加上清初嚴禁漢人進入東北，以保滿人的「龍興之地」（皇族發祥之地），與此同時大量滿人移居中原，導致

東北總人口銳減。此種做法相信是因為清皇朝建立初期，以少數民族來統治人口眾多的漢人，需要保持警惕並為保持滿族人的文化留有一條後路，所以不讓漢人進入滿人的老家東北。但是，順治時期清政府已看到東北需要加強農業，以維持軍隊的食糧供給，於是開始招募漢人移入開墾，形成一個獨特的旗民社會。雖然後來乾隆皇帝採取較保守的政策，禁止大量漢人移入，但已止不住山東直隸地區農民一波又一波的前往東北。乾隆末期，移民潮進一步擴大，到了 19 世紀中後期的鴉片戰爭、太平天國、甲午戰爭與庚子亂後，清朝元氣大傷，外債激增，逼得清廷進一步開放東北北部蒙區的墾殖，增加農作物的輸出以增加國庫收入。移入的漢人已不只山東直隸地區的人，還包括來自山西、江南等其他地區的農民。向東北大量移居謀生的現象，稱為「闖關東」[4]。

大量漢人湧入東北，令這裡發生翻天覆地的改變。東北土地遼闊平坦，有原始的草原與林地，而且擁有肥沃的黑土，但滿蒙人不善耕種。在沒有漢人農村組織的新墾地上，漢族的農民透過旗人社會組織，帶著農業技術與經驗移入東北，特別是大豆耕種技術，種出了遍野的大豆。東北的土地條件很適合大豆的規模化及機械化生產，所以到了現在，東北仍是中國大豆的主產區。

東北大豆最初主要是供應國內使用的，特別是南部沿海地區[5]。1775年左右，東北的豆粕海運增加，從營口（位處遼東半島的港口）出發運到上海、廣州、福建等地，用作其他經濟作物的肥料。東北大豆原來是不容許輸出的，以防削弱軍事力量，因為滿人軍隊是用大豆來飼養馬匹和駱駝的。但盛清時，政權已穩定，同時由於大豆從東北輸到中原，關稅大大地增加了國庫收入，清政府對輸出東北大豆的禁令在乾隆後期已形同虛文。此後東北大豆從海路大量輸入中原，有助上海

崛起成為商港，大豆業更成為上海貿易的主力。不久，大豆成為中國主要出口全球的商品。1893 年維也納萬國展覽會中，大豆首次被展示在國際舞台上 [6,7]。東北大豆早期出口主要是到日本，後來才到歐美。在 1908 年，東北大豆第一次運往歐洲。

中國大豆及豆製品出口由 1918 年總值 7,500 萬兩（銀），增至 1927 年的 1 億 8,400 萬兩（銀），超越絲和茶，成為第一出口貨品。1930 年佔全國總產值五分一以上 [8]。1928 年《紐約時報》報導，東北大豆佔了世界供應的 80%[9]。

日本勢力擴張與中國東北大豆

二戰前日本勢力向中國的擴張，與東北大豆作為世界貿易商品的起落，有著千絲萬縷的關係。

1861 年英國逼令清廷開放東北營口商港，當時最主要的貨物便是大豆、大豆油和豆粕，佔出貨量的 70–80%，初期只運往中國本土，後來開始出口，主要目的地是日本。在 1891 和 1892 年，差不多 100% 出口到國外的大豆都是前往日本，所以日本是東北大豆的第一個世界出口市場 [10]。

日本將中國東北殖民化是經過精密部署的，在金融、商業、工業、運輸和軍事等方面進行全面控制。1894–1895 年，清廷和日本爆發「甲午戰爭」，清廷戰敗，日本在東北地區的影響力大增，並且佔據台灣。日本曾經要求割讓位處中國東北的遼東半島，後來在沙俄等國家反對下沒有成事，改為收取清廷賠款。這時期日本購買的東北大豆，主要是把豆粕用作肥料與製造醬料的原料，支援日本農業現代化發展 [11]。

日俄戰爭（1904–1905 年）由日本戰勝，日俄簽訂《樸茨茅夫條約》，
日本獲得原來屬沙俄擁有的中國遼東半島上旅順港和大連港，以及東
清鐵路（又稱中東鐵路）長春至旅順支線的控制權，改稱為南滿鐵路
（Box 4.4）。

Box 4.4

南滿鐵路

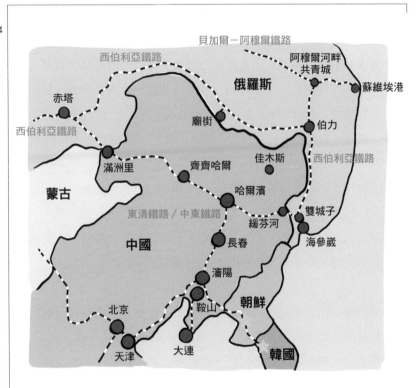

按互聯網資訊重繪：https://zh.wikipedia.org/wiki/ 東清鐵路

1906 年南滿鐵路修建完成後，日本再獲得安奉鐵路、撫順鐵路、牛莊鐵路的路權，打通了進入中國東北和朝鮮半島的通道，並連接到重要的海陸港口 [12]。1910 年，朝鮮半島進入日治時期，日本於是成功地打造了一條殖民地經濟鏈，從中國東北、朝鮮半島、台灣獲取農業和工業原材料，然後將加工後的製成品賣回給這些地方 [13]。

日本控制的南滿鐵路成為了東北大豆的運輸大動脈，運輸大豆的收益佔整條鐵路利潤的 40% 以上 [14]。所以，雖然東北的大豆農民和當地商人可以靠買賣大豆獲利，但大規模的榨油工業以及國際出口貿易，卻是牢牢掌握在日本手中。1908 年，東北大豆第一次運往歐洲，目的地是英國利物浦，是由日本企業三井物產負責航運。到 1932 年，三井、三菱、豐年、日清四家日本公司，控制了東北 83% 的大豆油出口。

第一次世界大戰前後（1914–1918 年），歐洲缺乏食用油脂，開始使用大豆油，日本於是在中國東北加速建造榨油廠，供應歐美市場。一戰結束至「九‧一八事變」前，是東北大豆出口的黃金時期，主要格局是大豆到歐洲，大豆油到歐洲和美國，豆粕到日本。

1911 年中國的辛亥革命成功推翻封建帝制，但隨後分裂為北面的北洋政府和南面的國民政府，直至 1928 年統歸為國民政府。從 1928 年前統治東北的北洋政府，到後來的國民政府，都希望從日本手中奪回東北的控制權，以及相關的貿易利益，如大豆出口。東北地區的控制權爭奪引發了「九‧一八事變」，1931 年 9 月 18 日，日本聲稱中國軍隊炸毀瀋陽的一段南滿鐵路，用此作為藉口出兵，到 1932 年完全佔領東北三省，令這個地區短暫離開中國版圖。沒有了東北，中國大豆出口便一落千丈，大豆和豆製品出口量由 1932 年的 2,800 多萬擔減至 1935 年的 29 萬擔 [15]，自此國民政府靠出口大豆和大豆產品賺取外匯

的大門也給堵住了。

第二次世界大戰期間（1941–1945 年），日本與美國和她的歐洲盟友作戰，於是向歐美禁運大豆，東北大豆出口和生產因而一落千丈。然而世界大豆市場留下的空缺，卻給美國大豆填補了，造就了美國在二戰後成為大豆業界的翹楚。

二戰後，中國曾經努力恢復大豆種植，作為經濟收入來源，到 1948 年，除了東北外，中國大豆生產已回復到 1935–1939 年的平均水平 [16]，但是 1945–1949 年的內戰再次中斷這種努力。1949 年內戰結束後，中國大豆經歷幾個階段 [17]：1950–1953 年中國參與韓戰，之後全力增加大豆種植，1956–1957 年種植面積達到新高，年產量超過 1,000 萬噸，回到世界領先水平；1958–1978 年，中國遇上了自然災害以及各種政治運動，糧食供應緊張，不是主要口糧的大豆生產面積受到壓縮；1979 年中國開始推行經濟改革，增加了大豆種植，直至上世紀 90 年代中期，中國有進口和出口的大豆貿易，基本上是沒有大量淨進口的。

1996 年後中國大豆供求的巨大變化

上世紀 90 年代中期開始，世界大豆的市場有很大的變化，主要是因為中國增加進口，刺激了美國及南美的出口（Box 4.3，見前）。1996 年是世界大豆貿易的一個重要轉捩點，包括美國開始推出抗除草劑的轉基因大豆，降低了生產成本，加強了美國大豆的市場競爭力。反之中國在 1996 年開始大量增加大豆進口，一直未有間斷，至 2000 年更超越了原來的世界最大進口地區歐洲（Box 4.3，見前）。世界出口大豆價值由 1996 年的約 99.5 億美元，躍升至 2020 年的約 641 億美

元，增加了超過六倍。與此同時，中國進口大豆價值由 1996 年的約 11.9 億美元，躍升至 2020 年的 406 億美元，增加了幾十倍，吸收了全球大豆出口值的六成以上。中國大豆的自給率也由 1996 年的 96% 降至 2020 的 17%（Box 4.5）。

中國對大豆需求量的增加，是與國民飲食結構改變有關的，亦是對中國經濟力量和國民收入的一種折射。在中國人均收入增加的同時，人均肉和蛋的供應亦同步上升，因為大豆是禽畜飼料的重要成分，所以大豆的需求也隨之提高（Box 4.5）。2019 和 2020 年中國豬肉供應有所降低，主要是因為非洲豬瘟的爆發令豬隻減產[18]。與另一種飼料玉米相比，雖然兩者的市場需求都增加，但玉米種植面積有相應提高，而大豆則沒有，因此在高需求的狀態下，大豆的自給率出現滑坡式下降（Box 4.5）。

中國大豆危機？

中國龐大的大豆進口有甚麼影響呢？這個複雜的問題可以簡化為兩類不同的觀點[19]。有一派學說認為這是中國經濟高速發展下的必然結果，另一派則認為是喪失農業話語權的危機。

中國自上世紀 70 年代末開始經濟改革，經過多年持續的經濟增長，到上世紀 90 年代中期，國民的收入有明顯提升（Box 4.5），食物結構由簡樸的半素食，逐漸增加對肉類、蛋、油和酒的需求。農作物除了提供生活必須的糧食外，還會被用來製作糧酒，以及飼養禽畜。另一方面，現代化的進程令城市和工業用地大大增加，進一步壓縮可耕地面積。與此同時，到上世紀 90 年代中期已超過 12 億的中國人口還未見頂，持續攀升。1994 年，美國環保團體「世界觀察」（World Watch）

Box 4.5

中國人均收入、人均肉食及蛋供應、大豆進口和自給率變化

中國人均收入 VS 人均肉食及蛋供應

● 人均肉食供應 (kg/capita/yr)　　● 中國人均收入 (US$)　　● 人均蛋供應 (kg/capita/yr)

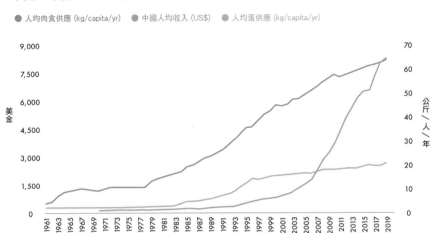

大豆入口量和大豆自給率

● 大豆入口量　　● 大豆自給率

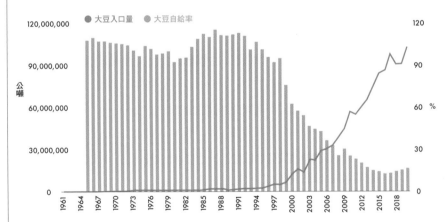

數據來源：聯合國糧食及農業組織、世界銀行、美國農業部 PSD 資料庫

的創辦人 Lester Brown 發表了一篇著名論文：《誰來養活中國？》（*Who Will Feed China*）[20]，預言中國將會成為人口及糧食進口大國，而這種急劇增長的需求，將會影響全世界。Lester Brown 的預言好像在大豆貿易中被驗證了，但為甚麼只是大豆，而不是其他農作物？

1996 年中國國務院發表了《中國的糧食問題》政府白皮書，指出中國耕地只佔世界的 7%，要養活世界 22% 人口，保障糧食安全是首要任務。到了 2013 年，這個數字調整為中國以世界 9% 耕地和 6% 淡水資源，解決 20% 人口的溫飽問題，基本格局並沒有改變 [21]。

該白皮書總結了中國 1949 年後三個階段的糧食生產發展。1950–1978 年是基礎建設階段；1979–1984 年是生產積極性釋放階段；到了 1985–1995 年，非糧食食物明顯增加，國民生活水平亦明顯提高。但是到了 1995 年底，全國還有 6,500 萬人的溫飽問題沒有解決。為了實現糧食基本自足，白皮書中提出了在正常情況下，糧食自給率不低於 95% 的指標。中國糧食的定義包括穀物、豆類和薯類，有別於外國糧食主要是指穀物 [22]。這表示中國會向世界購買約 5% 所需糧食，12 億以上人口的 5% 需求，在國際市場上是一個天文數字，理論上，中國將百分比稍為提高或降低，都可能會影響國際市場的價格。

2000 年前後，有幾個重要原因影響了大豆的進口量。2001 年 12 月 11 日，中國正式加入世貿組織，在漫長的談判過程中，大豆貿易是核心問題之一。1996 年開始，中國以配額制將原來 114% 的大豆進口關稅減至 3%，加入「世貿」後一律定於 3%[23]，基本上為世界大豆進口中國開了綠燈。

當然，這不會是單方面付出的，加入「世貿」亦為中國輕工業產品輸

出世界建成高速公路。在往後的日子中，中國對美國貿易出現順差，很多時都會以購買美國人豆來調節，到最近中美貿易戰，加徵人豆關稅又成為討價還價的手段。大豆已經不只是簡單的一種農作物，而是成了貿易工具。

另外一個令大豆進口量在 2000 年前後大量增加的原因，是在那段時期，中國增建了不少榨油廠，原意是提升中國大豆油工業來滿足內需，減少進口大豆油，令大豆油供應基本自足，但這也同時提高了對進口大豆的需求，當國內種植量沒有跟上時，進口就變成了唯一選擇（Box 4.6）。

Box 4.6

中國大豆油產量、消耗量和大豆進口量的關係

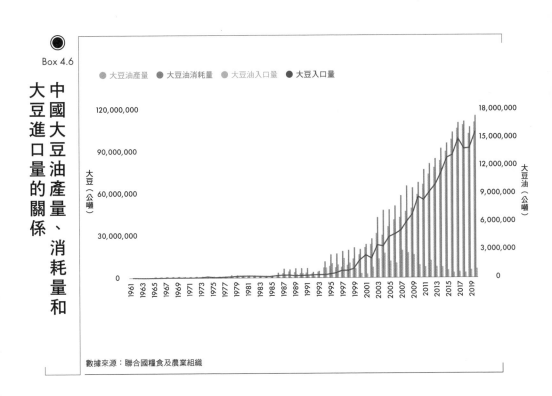

數據來源：聯合國糧食及農業組織

隨著大豆進口量急增，1996 年的《中國糧食的問題》政府白皮書所提出的 95% 糧食自給率亦要做相應的調整。在 2014 年《中央一號文件》討論稿中提出了口糧（小麥、水稻）要 100% 自足，穀物自足率基本保持在 90% 以上，而總體糧食長期自足率設定在 80% 以上 [24]，於是產生了「棄豆保糧」的形勢。

持樂觀看法的學者認為，在中國耕地和淡水資源缺乏的情況下，進口糧食等同進口土地和淡水，減少種植需要大量土地的大豆，騰出的土地可以用來種植高產值的「新農業」[25,26]。

持相反觀點的學者認為，大豆貿易不只是純粹的自由商品貿易，還涉及國家對自身農業的話語權、經濟強國的農業霸權，以及跨國企業的壟斷等問題 [27]。

大豆榨油廠的經驗，令中國企業感受到跨國企業的壓力。2000 年以前，中國企業擁有國內 90% 以上的榨油能力。2004–2005 年間，因為經濟因素和國際大豆價格的波動，70% 國內榨油廠同時倒閉，跨國外資趁機大舉進場，2009 年全國十大榨油廠便有九間由外資全資或部分擁有，到了 2010 年形成了國營、外資、國內民營企業三分天下的局面 [28,29]，大約各佔三分之一，直至近年外資佔有率才呈下降趨勢。

當前中國對進口大豆的依賴，已經發展到令中國失去話語權和定價權的地步，大豆這種大型世界商品的價格，受到國際整體經濟和貿易，以及國際貨幣（特別是美元）價值的升貶所影響，不再是單純的供求問題。國外大豆大量湧入，而這些大豆的生產成本較中國本地生產的低，變相將中國本地生產的大豆價格調低，因此中國農民欠缺經濟誘因生產大豆，滋生了「外國大豆驅逐中國大豆」的危機 [30]。

中國農民不用來種植大豆的土地，還未能成為人們期待的「新農業」發展空間，而是改為種植玉米和大米等其他傳統作物。有幾個原因造成這個現象：首先水稻和小麥是主糧，要完全保證有自足能力，此外，近年東北大米因為質優而受消費者歡迎，價格高企，有些農民索性把大豆田改種水稻[31]；棉花是輕工業產品重要原材料，也受到保護，面積不能減少。那麼為甚麼玉米的種植面積會增加（Box 4.7），而大豆不會呢？

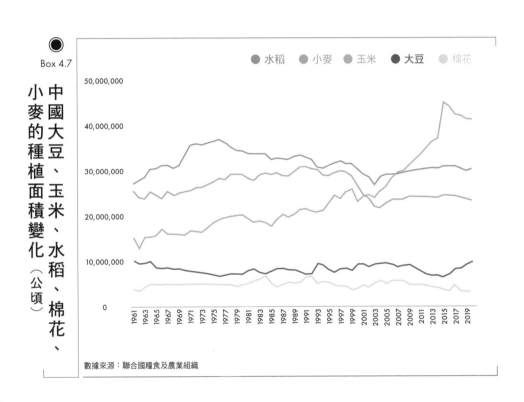

Box 4.7

小麥的種植面積變化（公頃）
中國大豆、玉米、水稻、棉花、

● 水稻　● 小麥　● 玉米　● 大豆　● 棉花

數據來源：聯合國糧食及農業組織

玉米和大豆都是飼料原材料，隨著中國肉食需求增加，對兩者的需求都會增加。對農民來說，產量和售價是他們選擇種植哪一種農作物的誘因，至於可持續農業、土壤保護等長遠議題，大都不會成為農民的主要考慮因素。玉米和大豆採用不同的光合作用途徑，玉米光合效率高，在中國每公頃農地平均產出超過六噸，超過大豆的三倍。如果農民純粹從生產量去考量，玉米會是合理的選擇，因為在最少耕地上會有較高的收成。

另外是收入誘因，中國加入「世貿」後大大減低大豆關稅，大量廉價大豆進口，除了令自給率降低，本地產大豆的價格亦受了約制。相對於美國，中國的大豆：玉米價格比是一直較低的 [32]。如果玉米和水稻價格有上升空間，而大豆價格受限的話，農民認為種玉米和水稻比種大豆利潤更好，自然會減少種大豆，這樣大豆的自給率將會更低，形成惡性循環。

政府目前採取的手段是加大大豆補貼 [33]。2018 和 2019 年，在東北種植大豆的補貼遠高於玉米，於是多了農民種大豆。2021 年中國農業農村部把擴大大豆生產作為 2022 年必須完成的重要任務 [34]，大家都預期東北大豆的高補貼會維持，甚至是進一步提高 [35]。

至於如何保護中國對本國生產大豆的定價能力，從而鼓勵農民種植大豆，是一個複雜議題。有一倡議是將轉基因和非轉基因大豆區分為兩種商品，分別定價 [36]。中國從美國和南美進口的大豆幾乎都是轉基因產品，中國不容許種植轉基因大豆，所以國內生產的都是非轉基因的。曾任軍事科學院戰略研究部學術委員會主任的彭光謙在《環球時報》寫了一篇評論：「八問主糧轉基因化」[37]，質疑轉基因食品是否另類生化武器，引起了廣泛關注，結果需要由農業部發消息澄清，認定

凡是通過安全評價上市的轉基因食品與傳統食品一樣安全[38]。這也反映了中國對跨國企業通過技術和資本達到控制他國農業的手段，是存在很大戒心的。

如果要用強制標籤將轉基因大豆和非轉基因大豆區分，方便分開定價，科學基礎是甚麼呢？可以提出怎樣的原因呢？雖然民間流傳轉基因農作物有這種那種的禍害，但世界衛生組織、聯合國糧農組織、歐盟專家甚至中國農業部，都未能找出市場上的轉基因農作物對食品安全有不良影響的證據。如果放任利用坊間無科學基礎的傳言來標籤進口大豆，會不會引起公眾對新技術的恐慌，最後反過來窒礙中國農業技術的發展呢？這些不同的顧慮，都引起了各界的激烈辯論。

歸根結底，中國大豆要有市場競爭力，還是要加強中國本身的大豆科研力量。參考美國的經驗，成功發展大豆成為主要商品要有工業的配合，增加生產成本效益和發展多元加工產品，另外是發展優質種子。中國是大豆的起源地，國家種子庫內有幾萬種栽培大豆和幾千種野生大豆種子資源[39]，擁有發展優質種子得天獨厚的條件。但是，在筆者共同領導的一項大豆基因組比較研究中，發現中國近百年最廣泛種植的 134 種栽培大豆的基因差異，極大部分包含在 14 種大豆內[40]，簡單的意思是這些重要品種的基因來源狹窄，未有充分利用中國大豆種子的資源，亦是說明中國新大豆種子的培育，有著廣闊的天地。

由於農作物種子的重要性近來受到很大的重視，中國《第十四個五年計劃》中，特別提到了保護和利用種子以及建設種子庫（第 23 章第 1節），並相應地修改了《種子法》[41]，主要修改內容包括（一）保護和合理利用種質資源，規範品種選育、種子生產經營和管理行為；（二）增加重點收集珍稀、瀕危、特有資源和特色地方品種；（三）確立國家

對種質資源享有主權。

除了在政府層面善用種子資源和鼓勵種子創新，歐美的經驗說明成功的種子公司亦會對帶動種子業。2017 年國營企業中國化工以天價 430 億美元收購瑞士種子公司先正達（Syngenta）[42]，究竟能否將中國種子業推上更高台階？對大豆發展又有何影響？我們且拭目以待。

4.3 | 美國主導世界大豆的歷程

美國大豆與中國大豆的發展,雖然處於同一時空下,卻朝著相反的方向,呈現此消彼長的形勢。起源自中國的大豆傳到美國後,成為了美國農業主要的自用及出口商品,當中有許多歷史的巧合,亦與政策有關,但業界和科研人員的努力,也是推動美國大豆產業發展的重要力量。

歷史的轉捩點

在 18 世紀之前,美國沒有種植大豆歷史,大豆是由一位船員 Samuel Bowen 首次從中國帶到美國的 [43]。1757 年,清朝乾隆皇帝下了「一口通商」令,規定西洋商人只可以在廣州通商。1758 年,原居於喬治亞(當時還是英國殖民地)的 Samuel Bowen,以船員的身份登上東印度公司的商船 Pitt 號,在 1759 年到達中國。之後他轉到 Success 號,北上寧波和天津。Success 號的旅程觸犯了「一口通商」令,引起中、英外交風波,Samuel Bowen 也因此在中國被囚禁了幾年。

1764 年,Samuel Bowen 回到家鄉喬治亞,與他一起到達的,還有來自中國的大豆。Samuel Bowen 在中國的日子,認識了利用大豆製作各種食物的方法,他認為可以種植大豆來生產這些有各種好處的食物。此外,他亦相信大豆可以承受較熱的天氣,能在牧草稀少的地方,發展

成為主要的動物飼料。他當時的想法現在已經一一實現。

在喬治亞測量總監（Surveyor General of Georgia）Henry Yonge 的幫助下，Samuel Bowen 於 1765 年開始種植大豆，這應該是大豆在美洲的第一次商業種植。他把大豆製作成醬油，售賣到北美各地，甚至遠銷英國。1766 年他得到英皇喬治三世的嘉許，並在 1767 年獲得了一項有關使用美洲種植大豆製作食品方法的皇家專利[44]，1776 年，美國獨立戰爭爆發，Samuel Bowen 的大豆貿易因而停止，他亦在不久之後離世。

在同一時期，美國開國元勳之一，班傑明·富蘭克林（Benjamin Franklin）也與大豆拉上關係[45]。他在 1770 年寫給一位朋友的信件中，提到大豆和用大豆做的芝士（即豆腐），在郵件中附上大豆種子，還有做豆腐的方法。所以，豆腐這種食品，從那時首次引入美國，只是未成為主流食物。

大豆早期在美國的主要用途是製作醬油和飼養動物。1904 年美國農業學家 George Washington Carver 指出大豆是高蛋白農作物，並為它找到了很多新用途，確立了大豆作為食用油的地位，並將榨油後剩下的豆粕用作動物飼料，更提出了在美國南方貧瘠的農地上，可以利用與大豆輪作來改善土壤的建議[46]。

在 1914–1918 年第一次世界大戰時期，美國向中國東北購入大量大豆油。由於肉食缺乏，美國政府亦曾經嘗試用大豆作為主要膳食蛋白質來源，但沒有很成功。1929–1933 年經濟大蕭條期間，大豆油成為主要食用油。

一戰前後及世界大蕭條期間，歐洲對大豆、大豆油和豆粕的需求很

大。中國東北的大豆和豆製品出口一枝獨秀，這龐大的國際市場引起了美國的關注，開始全力發展大豆種植，大豆能在美國土地上突圍而出，有幾個主要的成功因素[47]，包括品種改良、大豆的抗病性和環境適應性、在美國玉米帶成功用於輪作、機械化耕作、大豆經濟價值，以及逐步擴大的食品及工業市場。在二戰前，美國已經是僅次於中國的第二大豆生產國。

1939–1945 年的第二次世界大戰，改變了大豆貿易格局，是美國大豆發展重要的轉捩點。由於戰爭，日本阻止大豆從佔領的中國東北出口到歐洲和美國，美國順應時勢成了大豆供應國，禁運的客觀後果是令東北大豆失去原來世界第一的出口地位，反而造就了美國成為大豆出口國。在美國二戰時海報的宣傳，其中有一張是這樣寫的：「你的國家需要大豆：為了糧食、飼料、槍」（Box 4.8）[48]。戰爭與農業生產是息息相關的，在這種情勢下，種植大豆和其他農作物便成了美國大後方支援戰爭的任務。

美國大豆生產的目標，由一戰後的滿足內需，到二戰期間改變為出口到歐洲同盟國，奠定了二戰後美國大豆業成為世界龍頭的基礎。1930–1942 年，美國大豆產量從佔全世界的 3% 增加到 46.5%。到 1948 年，美國大豆的總產量比起 1935 年的平均值增加了四倍。二戰後 1946–1949 年，中國仍陷於內戰，而美國的大豆出口則急速增長。上世紀 50 末期，美國大豆產量超越亞洲，逐漸躍升成為世界大豆出口的最大國[49]。

美國大豆及其產品技術不斷提升，從上世紀 60 年代開始佔了全球出口的 90% 以上，直至上世紀 80 年代中才開始受到南美國家的挑戰，近年有被巴西超越的趨勢（Box 4.3，見前）。

二戰期間美國呼籲國民種植大豆海報

按互聯網資訊重繪：https://commons.wikimedia.org/wiki/File:%22YOUR_COUNTRY_NEEDS_
SOYBEANS,_FOR_FOOD_FEEDS_GUNS,_GROW_MORE_IN_%2744_-_NARA_-_516252.jpg

碰上中國在 2000 年開始經濟起飛，對動物飼料有大量需求，變成最大進口大豆國，為世界及美國大豆提供一個極其龐大的市場，而且中國亦可以利用進口美國大豆來緩和與美國的貿易順差，所以美國大豆的生產和出口，一直居高不下（Box 4.3，見前）。

美國保護大豆生產的幾個重要法案

一戰和世界經濟大蕭條，食用油短缺，加強了歐洲對廉價大豆油的需求，令中國東北成為世界大豆主要出口國。但是美國的大豆也在這段日子悄悄地發展起來。其中有幾項重要的法案，加速了大豆在美國本土的種植。

一戰後 1922 年的《Fordney-McCumber 關稅法》，以及大蕭條期間 1930年的《Smoot-Hawley 關稅法》，增加了大豆、大豆油和豆粕進口美國的關稅，保護了當地大豆生產 [50]。

到 1936 年，美國總統小羅斯福（Franklin Roosevelt）簽署了《土壤保護和家庭土地分配法》(Soil Conservation and Domestic Allotment Act) [51]，鼓勵農民減少種植可以謀利但會導致土壤退化的棉花、小麥、玉米和煙草等農作物，補貼他們種植如大豆等能保護土壤的植物。

這幾條法案為大豆在美國爭取了生存空間，為起源自中國的大豆日後成為美國主要農作物留下了伏筆。

二戰後有幾項重要的法案對美國大豆產業有深遠的影響。1954 年，美國艾森豪威爾（Dwight D. Eisenhower）總統簽署《糧食和平計劃法》(Food for Peace "Public Law 480") [52]，容許以長期低息貸款或捐贈方式，令貧窮地區獲得美國農業商品，一方面是通過扶貧來增加國家影響力，同時亦變相保障了美國農民的收入。在這些有援助性質的農作物中，大豆是主要成分之一，1966 年，第一批含有大豆的糧食和平計劃食品開始付運。

此外，美國在關貿總協定（世貿組織前身）1961 年的狄龍回合談判（Dillon Round）中，提出歐洲共同體免除美國油籽（主要是大豆）進口的關稅，以換取美國對進口歐洲共同體穀物的關稅優惠[53]。後來由於歐洲共同體對榨油工人（後來改為對種植油類作物的農民）實施補貼，美國一直不肯罷休，險些導致美歐貿易戰，到 90 年代才找到妥協方案。由此可見，美國已把保護大豆出口定為國策。

進入 21 世紀，世界對可再生能源的需要逐漸增加，大豆油成為了主要的生物柴油原材料。美國政府通過稅務優惠鼓勵和立法要求[54]，增加對生物柴油的需求，因此亦強化了美國大豆的生產。

美國早期大豆工業奠下的基礎

要成功發展一種農作物，除了政策外，還需要科學技術的配合，其中包括研發工業化生產技術來提升和擴展農產品的應用效率和範圍。在中國，大豆是傳統農作物，一直被視為製作傳統食品的原材料。美國的工業界在大蕭條後推行農業化工運動（chemurgy movement），把農作物通過化學工程加工而成為工業產品。用工業力量發展大豆，是美國大豆成功的因素之一[55]。

舉個例子，傳統獲得大豆油的方法是物理壓榨，但阿徹丹尼爾斯米德蘭公司（Archer Daniels Midland Company, ADM）早在上世紀 30 年代便成功應用有機溶劑來提取大豆油。這個方法有幾個好處，包括高出油率、高通量、低人力、低能源和器材成本，以及優化了後續的生產工序。現代美國大豆油仍然是以有機溶劑提取為主要手段，不過溶劑已由原來的苯（benzene）改為己烷（hexane）。此外，美國農業部的科學家在二戰後前往德國取經，學習防止大豆油產生異味的方法，並用

科學方法去研究其中道理。到上世紀 50 年代，大豆油的製作在美國已經發展得很成熟。美國自此一直在大豆油技術上維持領先地位，也因此保障了美國大豆油的市場競爭力。ADM 公司在上世紀 50 年代進入全盛時期，成功地大規模生產大豆食用油、大豆粉、大豆飼料，甚至是塑化劑。這些工業界的努力給大豆生產帶來了更多動力，多元化的產品為大豆開拓了新的市場。

ADM 公司內其中一位重要的研究主管是 James W. Hayward 博士，他的夫人曾經寫過一首詩來形容大豆 [56]，可以反映當時美國工業界對大豆各種用途充滿期待。

《小小大豆》

小豆你是誰？
來自遙遠的中國嗎？

我是帶引你汽車的輪子，
我做能裝雪茄的杯子，
我讓小狗變得肥胖可愛
並將羽毛黏在帽子上。
我很好吃，
我是奶酪、牛奶和肉。
我是洗碗的肥皂，
我是煎魚的油，
我是修整房子的油漆，
我是襯衫上的紐扣。
你可以從豆莢中吃掉我。

我會把能量放回草皮中。

如果碰巧你患有糖尿病

我所做的事情是神奇的。

我差不多是你所見過的一切

而我仍然只是一顆小豆。

Box 4.9

J.W. Hayward 夫人 《小小大豆》 詩原文

"Little Bean"

Little soybean who are you
From far off China where you grew?

I am wheels to steer your cars,
I make cups that hold cigars,
I make doggies nice and fat
And glue the feathers on your hat.
I am very good to eat,
I am cheese and milk and meat.
I am soap to wash your dishes,
I am oil to fry your fishes,
I am paint to trim your houses,
I am buttons on your blouses.
You can eat me from the pod.
I put pep back in the sod.
If by chance you're diabetic
The things I do are just prophetic.
I'm most everything you've seen
And still I'm just a little bean.

另一個大規模的嘗試是由福特汽車創辦人亨利·福特（Henry Ford）所推動的[57]。他一直想在農地上「種出」工業產品，曾經成功地用大豆材料製成汽車的組件，當時每一輛福特汽車，都有一蒲式耳（約 27.2 公斤）的大豆成分。1941 年，他甚至製作了一部由大豆和其他植物成分製成的汽車外。他還用大豆製造不同的產品，包括各種食品、油墨，甚至是衣服（Box 4.10）。雖然亨利·福特的大豆工業沒有為他帶來很大利潤，但他當時那些創新的思維，對後來的研發帶來很大的啟示，例如用大豆種子蛋白製造衣服纖維，近年又變成受關注的議題。此外，大豆雖然沒有變成汽車，大豆油卻可用作現代汽車燃料。

Box 4.10

亨利·福特的大豆汽車和大豆衣服

按互聯網資訊重繪：https://www.thehenryford.org/collections-and-research/digital-resources/popular-topics/soy-bean-car/ 及 https://www.thehenryford.org/collections-and-research/digital-collections/artifact/67258/

大豆種子的收集和研發

提升種子技術來維持生產競爭力是農作物長期發展的先決條件,所以農業大國都會廣泛地收集、培育和利用種子資源。自從 Samuel Bowen 和 Benjamin Franklin 把大豆引進美國後,在 1765–1898 年期間,科學家、種子商、商人、軍人和其他人士都有將大豆種子引進美國,但是沒有形成一個種子系統[58]。1898 年之前,全美國種植不超過八個品種的大豆,種子顏色卻頗豐富,包括黃、黑、綠、褐四種,所以最初在美國種植的大豆不全是現在最普遍的黃豆。

1898 年美國農業部開始建立植物引種指定系統(Plant Introduction Designation System),有系統地收集種子,1898–1928 年間,從中國、日本、韓國和印度引進了約 3,000 種大豆。但是,對早期美國大豆發展影響最深遠的,是由 Howard Dorsett 和 William Morse 兩位植物學家在 1929–1931 年期間在中國東北、日本、韓國和印度收集的 4,451 份大豆[59]。

William Morse 花了大量時間在中國和韓國收集大豆,並詳細記錄大豆的種植方法和豆製品的製作過程。兩位科學家回到美國時,除了種子,還有 3,350 張照片、6,700 呎黑白電影和 2,400 呎彩色電影菲林片、210 份著作、341 種大豆食品等大量珍貴資料。這次歷史之旅把中國大豆的種子和知識一併帶回美國,是美國大豆發展的一個重要里程碑。

Dorsett 和 Morse 的大豆最初沒有引起很大關注,只有約 50 個品種被直接使用或用作雜交育種的材料。當時美國農業部也沒有好好保存這些大豆,後來只剩下 900 多份。到了上世紀 50–80 年代,美國大豆種植

面積急速擴大，引發大豆病害的爆發。最後從成功保留下來的 Dorsett 和 Morse 的大豆中，陸續找到了抗真菌病、細菌病，病毒病及線蟲等珍貴大豆品種，才令美國大豆生產可以繼續擴張。美國農業部明白了大豆種子資源的重要，加強了收集和保存，至今保存了超過兩萬種大豆[60]。

William Morse 在 1920 年參與創立美國大豆協會（American Soybean Association），並擔任了三屆會長，是這個民間組織的骨幹成員[61]，美國人稱他為「美國大豆之父」。他在 1959 年在家中離世，在離世前一年，美國大豆產量達 1,360 萬公噸，創了當時的新高。美國大豆協會從創立至今，一直是美國大豆種植的推手。

發展優良種子是農業必要的手段，在美國，這項工作除了農業部外，最重要的持份者是種子公司。1970 年以前的美國大豆種子研發，主要是由公營機構進行的，種子公司則負責買賣種子。政府機構和學術機構合辦的首個大型研究所，是在 1936 年設在伊利諾大學的區域大豆工業產品實驗室，在第一任實驗室主任 Jackson Cartter 帶領下，對大豆展開了包括育種等各領域的研究。公營機構對大豆種子研發的角色，一直維持到 1970 年。

1970 年，美國通過《植物品種保護法》，保護由私人育成的新種子的知識產權，公營機構的大豆育種角色漸漸由私人公司所取代[62]。上世紀 90 年代中期前，美國大豆種子公司有一段百花齊放的日子，直至出現少數寡頭公司壟斷。

控制雜草是大豆生產的一個大難題。先鋒（Pioneer Hi-Bred International）是全球雜交玉米的生產商，1996 年它成功研發並推出抗硫醯基尿素類

除草劑（Sulfonylurea herbicides）的大豆（STS soybean），這種大豆是利用天然大豆資源育成，不涉及轉基因技術。

同年孟山都（Monsanto）推出了抗 Round-Up 除草劑大豆，這種用轉基因技術育成的大豆，此後雄霸全球大豆種子市場多年，2013 年在美國的市場佔有率達 90%[63]。

轉基因的種子之所以大行其道，是因為能為農民帶來經濟利益[64]。種植轉基因大豆不但是在美國，而且在其他地區（加拿大、南美國家、南非等）都很盛行。1996–2012 年，農民因種植大豆而產生的累積經濟利益達 13.7 億美元。有關轉基因技術的好處與爭議，我們會在稍後章節討論。但從這些數字可見，種子改良對農業產業化有重大的影響。

美國的種子公司近年進行了一連串的合縱連橫重組，目前兩大競爭對手是拜耳（Bayer）和科迪華農業科技（Corteva Agriscience）[65]。

拜耳在 2018 年以 630 億美元收購孟山都，目前以 XtendFlex 大豆為主力，它能同時抵抗三種除草劑：草甘膦、麥草畏和草銨膦（glyphosate, dicamba and glufosinate），這種大豆於 2020 年正式獲歐盟批准作食品及飼料使用[66]。

1999 年杜邦以 77 億美元收購先鋒，更名為杜邦先鋒（DuPont-Pioneer）。在 2015 年杜邦與陶氏化學合併，成立陶氏杜邦（DowDuPont），2019 年再分拆成立科迪華農業科技。

科迪華農業科技挑戰了孟山都（現在是拜耳）的壟斷地位，2021 年在美國大豆種子市場佔有率升至 30%，主打是 Enlist 大豆，能同時對

2,4-D 膽鹼、草甘膦和草銨膦（2,4-D choline, glyphosate and glufosinate）三種除草劑有抗性，也是獲歐盟認可的大豆品種 [67]。

從美國的例子看到，出色的種子公司雖然可以快速推動種子的研發，但公司發展得太龐大時，又很容易變成壟斷，需要謹慎處理。

4.4 大豆的森巴王國

前西德總理威利‧布朗特（Willy Brandt）在 1980 年發表的《布朗特報告》，將世界分為富有的北方和貧窮的南方 [68]。在美洲，美國和加拿大屬於北方，中、南美洲屬於南方。40 年後，布朗特界線已經變得很複雜。過去 20 年，大豆貿易的興起，有助增加南美國家如巴西和阿根廷的收入，緩解貧窮問題。但是，過分依賴單一作物帶來的經濟利益，同樣引發了很多問題：要開伐自然土地來耕作，會否破壞環境和影響可持續發展呢？國際資金的湧入、龐大的經濟利益，會否產生跨國企業壟斷和操控呢？這些問題都沒有一個簡單的答案。

大豆在巴西有百多年歷史 [69,70]，在 1882 年首次有文獻記載，上世紀初開始生產種植，到了 60 年代是第一個增長期。二戰後，巴西和許多南美國家都通過控制國內農產品價格、對農業商品進行出口管制和徵收各種稅項，保障內需的供應。這樣可以降低城市人口的食物成本，穩定城市內工人的生活，從而支援工業發展。到 1960 年，巴西政府對大豆開始採取一種不同的策略，通過一系列政策，鼓勵國內大豆生產鏈的發展，包含投放資源進行大豆研究、擬定最低收購價等。此政策有多重效益，包括保障低收入國民的食用油來源，減少因進口大豆油而花去的外匯，亦因此成功發展榨油工業。榨油後的豆粕變成飼料，成為推進巴西禽畜業發展的助力，為巴西日後成為肉類出口大國走出了重要一步。豆粕的成功出口，亦令巴西初步嚐到大豆世界貿易的經

濟效益 [71]。

第二個增長期是上世紀 70 年代，當時世界正經歷人口增長、收入提高、商品和農作物價格攀升的局面，大豆價格在 1973 年曾升上每噸 393 美元的歷史新高。時任美國總統尼克遜（Richard Nixon）為了保護美國優先，禁止大豆出口 [72]，首當其衝的日本原來有 88% 大豆進口自美國，唯有轉為投資在巴西種植大豆，帶動了整個巴西大豆的發展，1970–1980 年，巴西大豆產量上升了兩倍多。這段時間的增長，主要靠巴西中西部新農地的開墾，東南部原來的種植區沒有大量增加面積，只靠單產提升，到上世紀 80 年代已達每公頃平均兩噸水平 [73]，現在則達每公頃平均三噸（Box 4.3，見前）。

到了 90 年代，巴西政府大幅度減免大豆出口稅以及農藥和種子等進口稅，清除貿易障礙。遇上中國經濟起飛，21 世紀開始大量進口大豆，而且每年都有增長，巴西大豆產量和出口於是像坐火箭升空，在近年超越美國成為世界冠軍（Box 4.2 和 Box 4.3，見前）。

大豆與巴西經濟

大豆貿易是巴西經濟的主要項目之一。2014 年，大豆產業鏈估計佔巴西農業產業出口的 39%，總出口的 14%，以及 GDP 的 1.3%，2011 年為 150 萬人提供了就業機會。大豆出口是巴西主要的外匯收入來源，政府將部分收入用作資助扶貧活動，2000 年後，減少貧窮人口的努力有明顯效果，同時也減少了社會的不平等 [74]，在其中大豆貿易扮演了重要角色。

過去兩個世紀南美大豆的高速增長，形成了一種適合大規模種植、

高投入、高產量、高出口、技術含量高的產業結構[75]。這個高度分工的產業結構令小農場難以單獨生存，於是大企業主導了整條生產線，中、小企業變成裡面某部分的生產組件。主要源自歐美的跨國農資公司有能力提供足夠的種子、化肥、農藥、機器等影響生產力的資源，它們一方面提供生產工具，又是大豆用家，少數公司既擁有大型的榨油廠，同時又主導巴西大豆產品的出口[76]。跨國企業壟斷的趨勢，在這種產業結構下逐漸形成。

有別於進行大豆買賣和大豆加工的公司，種植大豆的生產者沒有大量資金，卻要面對生產風險。生產者可能會因此陷入過度依賴借貸公司、農資公司和貿易商的循環陷阱之中，面臨所謂的「農業跑步機」現象：借貸—種植—出售—再借貸—再種植—再出售……。個別農戶是很難與跨國企業抗衡的，如果沒有政府介入，便要用集體力量（例如農民組織）才有討價還價的空間[77]。

在國際貿易方面，巴西的大豆主要是銷往中國，龐大的銷量已經令到中國成為巴西最大的貿易夥伴。但是，過分依賴單一農作物的貿易關係，對雙方都有風險。巴西害怕會過分依賴中國的大豆市場，中國則害怕會過度依賴巴西的大豆供應[78]。

巴西大豆擴種與可持續環境的憂慮

北半球的大豆是在較高北緯，但有足夠溫暖日子的地方種植的。大豆原為「短日照植物」，意思是要在日短夜長的情況下才會開花結莢，高緯度地區夏天陽光充足，有助大豆生長，秋季則符合「短日照」的條件，讓大豆開花結莢。相對地，大豆在南半球可以在南緯較高的地方種植。所以，巴西大豆上世紀 60 和 70 年代的擴種，主要是在南方

的省份開始的。到了 80-90 年代，大豆種植大舉北上，向巴西中西部的塞拉多（Cerrado）平原區進發。這個改變令到在 2000 年後，馬托格羅索州（Mato Grosso）成為了巴西大豆的主產區 [79]。

巴西大豆能夠跨越障礙，向北進發，主要是靠種子資源。巴西科學家從大豆種子庫中選出了能在低緯度開花結莢的品種，這些種子來自北美，但相信最初的來源應該是中國等擁有大量大豆種子資源的國家。

塞拉多平原區有幾個得天獨厚的優勢。因為地勢平坦，很適合大規模和機械化的大豆種植。這裡還有許多未開發的地區，土地便宜，而且開發新農地可以解決很多人的就業問題，對低收入國家減少貧窮是很重要的 [80]。

然而，大規模開墾，可能會對自然環境造成很大的影響，特別是因為巴西擁有大片亞馬遜雨林。為了人類食肉而養動物，為了養動物要種大豆，為了種大豆要砍伐森林，這將會成為可持續環境的夢魘。

21 世紀開始時，巴西亞馬遜雨林的面積急速減少，與此同時，大豆種植面積大量增加，難免令人聯想到兩者的因果關係。有一項研究發現，在 2000-2013 年間，巴西砍伐亞馬遜雨林的主要目標是種植牧草來飼養牛，佔 63%，開墾田地種大豆只佔 9%[81]，那麼大豆擴大種植佔用了甚麼地方呢？另一項調查指出，在 2006-2010 年間，巴西亞馬遜雨林的砍伐面積放緩的同時，大豆生產有所增加，主要是種植在原來已開墾過的地區，而且沒有證據顯示在 2010 年後，塞拉多平原區因大豆擴種而進行了大型的伐林開墾 [82]。以上研究只能說明在 2000 年後，擴種大豆不是伐林直接主因，但不能排除因為原來種牧草的地方改了種大豆，牧草場便要靠伐林來補充。

2006 年，在環保組織的強力推動下，通過了《亞馬遜停種大豆協議》（*Brazilian Soy Moratorium*）[83]，大型大豆收購商同意停止購買從協議開始後，在法定亞馬遜雨林內，新伐林開墾農地上所種出的大豆。這個協議似乎有很好的成效，有一項研究利用 2001–2014 年從巴西太空研究所獲得的地表數據，比較《協議》前後在馬托格羅索州伐林的情況。馬托格羅索州佔有巴西亞馬遜雨林內大豆種植面積的 85%，《協議》後的伐林速度是之前的五分之一，森林轉為大豆種植田的速度減少一半 [84]。這些令人欣喜的現象，當然不是單靠《協議》達成的，巴西政府也同時推動了其他保護森林的政策。要更了解《協議》的功效，另一項研究利用計量經濟學模型，加上遙感伐林數據，推算純因《協議》產生的效果，在 2006–2016 年間，減少了的伐林率為 0.66±0.32%，面積約為 1 萬 8,000±9,000 平方公里 [85]。

《亞馬遜停種大豆協議》在巴西法定亞馬遜雨林雖然產生了良好效果，環境人士卻擔心大豆擴種會轉移到其他地方，甚至其他南美國家，於是在 2017 年發起了《塞拉多宣言》（*Cerrado Manifesto*）[86]，希望將《亞馬遜停種大豆協議》的原則，套用到塞拉多平原區上法定亞馬遜雨林以外的地方。巴西的大豆種植地、法定亞馬遜雨林和塞拉多平原區，是互相接連交錯的（Box 4.11）。塞拉多平原的大豆為巴西創造了收入，但隨著全球氣候變化，該地區面對嚴重的乾旱問題，開墾的過程移除了原有的旱地樹林、灌木和草原，加速了乾旱地的荒漠化 [87]。

雖然有投資和大型超市等持份者支持《宣言》，但大豆生產者和買賣商提出強烈反對。保護亞馬遜雨林，大多數人都有共識，但塞拉多平原區原來就是為了農業發展、增加就業和收入而新開墾的，如果不能再開發，會對社會經濟發展產生負面效應。如何在保育與發展之間取得平衡，永遠是一個難令所有人都滿意的課題。

Box 4.11

巴西大豆種植地、法定亞馬遜雨林及塞拉多平原區

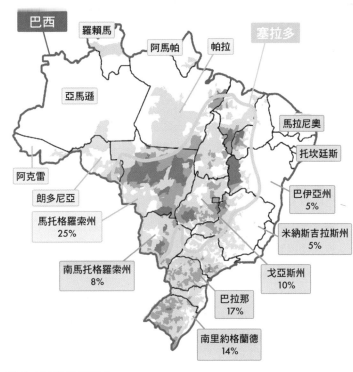

巴西

羅賴馬

阿馬帕　帕拉

塞拉多

亞馬遜

馬拉尼奧

托坎廷斯

阿克雷

朗多尼亞

馬托格羅索州
25%

巴伊亞州
5%

米納斯吉拉斯州
5%

戈亞斯州
10%

南馬托格羅索州
8%

巴拉那
17%

南里約格蘭德
14%

☐ 法定亞馬遜雨林區

自治市三年平均大豆生產（噸）

◯ <100,000

◯ 100,001 – 500,000

● 500,001 – 2,015,000

按互聯網資訊重繪：
https://www.researchgate.net/figure/Map-of-the-Legal-Brazilian-Amazon-municipalities-dark-green-with-grey-borders-and-the_fig1_259631668
https://www.foodbusinessnews.net/articles/13949-cargill-commits-30-million-to-end-deforestation-in-brazil
https://ipad.fas.usda.gov/rssiws/al/crop_production_maps/Brazil/Municipality/Brazil_Soybean.png

4.5 阿根廷大豆探戈

阿根廷是世界第三大大豆生產國，在南美緊隨巴西之後。上世紀 70 年代世界大豆價格飆升，阿根廷加入大規模種植行列，晚了巴西 10 年。巴西有食用大豆油的習慣，阿根廷則沒有將大豆放進國民食譜之中。到了 90 年代初，阿根廷和巴西對大豆貿易都採取了市場主導的政策，通過減低出口稅來刺激生產，這個時期阿根廷的大豆增產靠同時擴大種植面積和增長單產來推動。

與巴西情況一樣，阿根廷在 90 年中期開始建造大型榨油廠，由於是資本密集的工業，所以同樣受跨國企業所主導。與巴西不同，阿根廷的大豆油沒有內需市場，豆粕雖然會應用到養殖禽畜，但仍然可以大量出口。所以，在後來的發展中，巴西成為大豆的最大出口國，阿根廷則成為世界最大的大豆油出口國。

阿根廷的大豆出口稅

雖然大豆同是阿根廷和巴西的經濟支柱，但是兩國的發展是既有相同，亦有所不同的。2014 年，大豆產業鏈估計佔阿根廷農業出口的 51%，總出口的 28%，以及 GDP 的 3.5%，2014 年為近 40 萬人提供了就業機會 [88]。與巴西一直採取低稅制鼓勵大豆經濟的政策不同，阿根廷從 2002 年開始恢復了出口稅，而且佔頗重百分比，2002 年大豆、

大豆油和豆粕的出口稅分別為 23.5%、19.3%、20%，較高的大豆出口稅是為了鼓勵大豆在國內的加工業，2007 年大豆和大豆油／豆粕的出口稅升至 35% 和 32%[89]，2021 年則分別為 33% 和 31%[90]。高稅收讓政府可以通過增加社會福利開支來重新分配財富，1998–2011 年，阿根廷貧窮人口減少 10.6%，其中經濟增長後的財富再分配扮演重要的角色[91]。

對農業生產者來說，收入是最主要動力。相對於大豆，玉米／小麥的出口稅相對低，2021 年是 12%。這種不同稅率的對待，剎停了阿根廷大豆的擴種（Box 4.2，見前）。加重出口稅這個措施，對大豆生產者來說，會降低了他們在國際市場的競爭力。雖然是這樣，阿根廷大豆油和豆粕的出口，仍是處於世界領先地位（Box 4.12）。

從環境角度看，稅率差異的誘因，改變了大面積單一種植大豆的情況，是對可持續農業有利的。2014 年大豆與玉米／小麥的種植面積是一比一，2021 年降至一比四[92]。過度單一種植大豆引起了雜草和害蟲的問題，全球氣候改變也為阿根廷帶來極端天氣，如暴雨和乾旱等。調整大豆與其他農作物的面積比例，善用與大豆輪作等耕作方式，可以舒緩全球氣候改變引起的環境壓力。相對於大豆獨自跳探戈，與其他農作物共舞可能會更精彩。

轉基因大豆在阿根廷

現在市場上的巴西和阿根廷商品大豆，差不多全是由源自美國的抗除草劑轉基因大豆種子種植而成的。巴西在 90 年代的時候，仍然禁止種植轉基因大豆，直至 2007 年後才全面解禁。相反地，90 年代後期阿根廷大豆的高速發展，卻一開始便與源自美國的轉基因技術密不可

Box 4.12

美
國
、
巴
西
和
阿
根
廷
的
大
豆
油
和
豆
粕
出
口

美國、巴西和阿根廷的豆粕出口量（公噸）

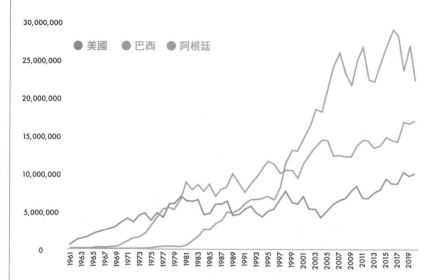

美國、巴西和阿根廷的大豆油出口量（公噸）

數據來源：聯合國糧食及農業組織

分。美國跨國企業將抗除草劑轉基因大豆、相對應的除草劑，以及免耕技術一籃子傳入阿根廷[93]。免耕技術對阿根廷的大豆生產是很重要的，在同一年內，前一季度農作物收穫之後，一般需要先做翻土、除雜草等耕種工序，才能種植下一季度的農作物，這樣便會延誤下一季度農作物的播種時間，縮短有足夠陽光和溫度的種植季節。如果可以免耕，便可以直接播種，延長農作物有效生長時間。抗除草劑轉基因大豆一方面可以節省人力成本，另外是成就了免耕種植：在前一季農作物收穫後，不對田地施耕，直接種植抗除草劑轉基因大豆，當大豆與雜草同時長出後，噴灑除草劑清除雜草，於是為大豆生長爭取了更多時間。阿根廷使用轉基因大豆是有經濟效益的[94]，但大豆種子供應便得依賴跨國企業，而且要同時使用由跨國企業生產的除草劑，失去農業的自主選擇權，亦沒有誘因去全力發展本國新大豆品種。

4.6 | 國際大豆貿易其他持份者

美國、巴西、阿根廷和中國是國際大豆貿易的最主要持份者，在中國以外，大豆還有甚麼用家呢？在這四大生產國以外，還有哪些正在冒起的新星呢？

中國以外的主要用家

歐洲是大豆、大豆油和豆粕的傳統用家。2020 年，歐盟（主要是德國、意大利、荷蘭、西班牙）的大豆進口量是繼中國之後的第二大，美國是最大供應地 [95]。日本也是進口國，進口量多年來保持平穩。東南亞（主要是印尼、泰國和越南）的進口近年有明顯增長，中美洲墨西哥在 1990–2000 年間增長較快，2000 年後保持一定進口量。

大豆油方面，近年進口量急升的是印度，由於中國加強本國榨油工業，對大豆油進口的需求回落，排在歐盟（主要是比利時、波蘭、「脫歐」前的英國）之後。

近年豆粕的進口，歐洲是一枝獨秀的。中國除了在 1996–1998 年有明顯進口豆粕外，其他年份都是基本自足的。東南亞（主要是印尼、菲律賓、泰國、越南）則有明顯的增長趨勢，相信是基於肉食產品增加而引起的飼料需求 [96]。

冒起中的生產國

印度是第五大大豆生產國，增產主要靠擴種，畝產停留在較低水平，因此在大豆品種和種植方法上都有很大的改良空間。北美的加拿大也有增長，但是受較寒冷的氣候限制，增長的幅度有限。近年烏克蘭和俄羅斯也有擴種大豆，俄羅斯種植主要在遠東地區，接連中國東北，產出也是主要供應給中國。巴西和阿根廷的成功例子也引起了其他南美國家仿效，增加大豆種植面積和生產。巴西、阿根廷、巴拉圭、玻利維亞、烏拉圭等依賴大豆貿易的國家，曾經被種子公司稱為「大豆聯合共和國」，激化了關注團體對跨國企業和轉基因大豆的爭論 [97]。

除了這些地方，還有一個為人忽略的大地：非洲。按一項電腦模擬推算，如果把氣候變化和經濟、需求等因素一起考慮，未來還有擴展大豆種植空間的地區，原來是落在非洲的南方 [98]。南非與巴西、阿根廷等國家，地理位置上同屬南半球，亦同是布朗特界線以南的低收入地區。南非目前需要進口大豆，以滿足動物飼料需要，同時可以與玉米輪作來保護農地，在南非種大豆有一定經濟和環境好處。筆者在 2013 年南非的一個農業會議中，聽到有與會者提到，南非黑人與白人在政治上的種族隔離雖然已經移除，但經濟分隔仍然存在，種植大豆獲取經濟利益可能是幫助緩解這問題的有效工具。目前南非主要由白人大農場種植轉基因大豆，生產量超過 100 萬噸，但需求超過 300 萬噸。若能如電腦模擬推算，得到預期的效果，並能促進黑人小農戶的生產，大家當然樂見其成。

註

1 　大豆期貨市場：https://rjofutures.rjobrien.com/futures-markets/agriculturals/soybean-futures（最後瀏覽：2022 年 11 月 9 日）

2 　大豆主要用途：https://ourworldindata.org/soy; W. Fraanje 和 T. Garnett (2020)《Soy: Food, Feed, and Land Use Change》Food Climate Research Network, University of Oxford.

3 　同上

4 　闖關東：https://kknews.cc/history/ovxzbyq.html（最後瀏覽：2022 年 11 月 9 日）

5 　東北大豆與日本擴張：M. Hiraga 和 S. Hisano (2017) AGST Working Paper Series No. 2017-03. Kyoto University.

6 　同上

7 　早期中國大豆發展：https://kknews.cc/zh-hk/agriculture/6lyjqm3.html（最後瀏覽：2022 年 11 月 9 日）; 李孟麟 (1936) 農行月刊 3(10):89-112; 王綬 (1947) 農業通訊 1(7):6-10.

8 　同上

9 　紐約時報有關東北大豆報導：New York Times, August 19, 1928.

10 　同註 5

11 　同註 5

12 　南滿鐵路：https://www.newton.com.tw/wiki/ 南滿鐵路 /1147997（最後瀏覽：2022 年 11 月 9 日）

13 　同註 5

14 　同註 5

15 　同註 7

16 　1948 年世界大豆生產：Merna Irene Fletcher (1948) The Scientific Monthly 70(2):116-121.

17 　1949 年後中國大豆生產的不同階段：https://kknews.cc/agriculture/a655yjj.html（最後瀏覽：2022 年 11 月 9 日）; https://www.weihengag.com/home/article/detail/id/10689.html（最後瀏覽：2022 年 11 月 9 日）

18 　非洲豬瘟影響：https://www.sohu.com/a/480404244_114988（最後瀏覽：2022 年 11 月 9 日）

19 　大豆危機的不同觀點：Hairong Yan 等 (2016) The Journal of Peasant Studies. 43(2):373-395.

20 　誰來養活中國的論述：Lester Brown (1994) World Watch 7(5):10-19; Lester Brown (1995)《Who Will Feed China? Wake Up Call For a Small Planet》. W.W. Norton.

21 　中國人口、土地和淡水資源對糧食供應的影響：http://www.scio.gov.cn/zfbps/ndhf/1996/Document/307978/307978.htm（最後瀏覽：2022 年 11 月 9 日）; http://www.chinamission.be/chn/zgwj/201302/t20130214_8279325.htm（最後瀏覽：2022 年 11 月 9 日）

22 　中國糧食的定義：https://www.gdsyyzs.com/news/single.asp?id=11790（最後瀏覽：2022 年 11 月 9 日）

23 　同註 19

24 　2014 年《中央一號文件》：http://www.moa.gov.cn/ztzl/yhwj2014/zywj/201401/t20140120_3742567.htm（最後瀏覽：2022 年 11 月 9 日）

25 　同註 19

26 　進口糧食的樂觀觀點：https://www.econ.sdu.edu.cn/info/1493/28973.htm（最後瀏覽：2022 年 11 月 9 日）; 黃宗智、高原 (2014) 開放時代 1:176-188

27 　同註 19

28 　同註 19

29 　跨國資本對中國大豆和大豆工業的影響：王紹光等 (2013) 開放時代 3:87-108

30 　同註 19

31 　東北水稻的發展：https://kknews.cc/history/gybbjx9.html（最後瀏覽：2022 年 11 月 9 日）

32 　同註 19

33 　東北大豆生產補貼：https://new.qq.com/omn/20200412/20200412A04SN300.html?pc（最後瀏覽：2022 年 11 月 9 日）; https://xw.qq.com/cmsid/20220104A00PQG00（最後瀏覽：2022 年 11 月 9 日）; https://zhuanlan.zhihu.com/p/126655986（最後瀏覽：2022 年 11 月 9 日）

34 　擴大大豆種植的任務：http://m.gxfin.com/article/finance/cj/default/2021-12-27/5716823.html（最後瀏覽：2022 年 11 月 9 日）

35 　同註 33

36 　同註 19

37 　八問主糧轉基因化：https://opinion.huanqiu.com/article/9CaKrnJBTTv（最後瀏覽：2022 年 11 月 9 日）

38 　農業部對基因改造食品安全性的澄清：https://china.huanqiu.com/article/9CaKrnJC535（最後瀏覽：2022 年 11 月 9 日）

39 中國農作物種質資源平台：https://www.cgris.net/default.asp#（最後瀏覽：2022 年 11 月 9 日）

40 中國近百年最廣泛種植的栽培大豆研究：Xinpeng Qi 等（2021）*Crop Journal* 9:1079-1087.

41 中國第十四個五年計劃及《種子法》修改：http://www.gov.cn/xinwen/2021-03/13/content_5592681.htm（最後瀏覽：2022 年 11 月 9 日）; https://hk.lexiscn.com/law/law-chinese-1-4150186-T.html?eng=0（最後瀏覽：2022 年 11 月 9 日）

42 中國化工收購先正達：https://fortune.com/2021/07/01/china-acquisition-chemchina-syngenta/（最後瀏覽：2022 年 11 月 9 日）

43 美國早期的大豆歷史：T. Hymowitz 和 J.R. Harlan（1983）*Economic Botany* 37(4): 371-379; William Shurtleff 和 Akiko Aoyagi（2004）《History of Soy in the United States 1766-1900》Soyinfo Center.

44 Samuel Bowen 的醬油：William Shurtleff 和 Akiko Aoyagi（2012）《History of Soy Sauce (160 CE to 2012)》Soyinfo Center.

45 班傑明・富蘭克林與豆腐：https://www.prnewswire.com/news-releases/soyfoods-are-part-of-americas-history-214157831.html（最後瀏覽：2022 年 11 月 9 日）

46 George Washington Carver 對美國大豆的貢獻：https://agriculture.mo.gov/gwc.php（最後瀏覽：2022 年 11 月 9 日）

47 早期美國大豆發展及成功因素：Merna Irene Fletcher（1948）*The Scientific Monthly* 70(2):116-121; William Shurtleff 和 Akiko Aoyagi（2004）《History of Soybean Production and Trade》Soyinfo Center.

48 二戰期間美國呼籲國民種植大豆海報：https://unwritten-record.blogs.archives.gov/portrait-28/（最後瀏覽：2022 年 11 月 9 日）

49 同註 47

50 保護美國大豆的早期關稅法：https://fraser.stlouisfed.org/title/tariff-1922-fordney-mccumber-tariff-5864/fulltext（最後瀏覽：2022 年 11 月 9 日）; https://fraser.stlouisfed.org/title/tariff-1930-smoot-hawley-tariff-5882/fulltext（最後瀏覽：2022 年 11 月 9 日）

51 《土壤保護和家庭分配法》：https://archive.org/details/4925988.1936.001.umich.edu/page/95/mode/2up（最後瀏覽：2022 年 11 月 9 日）

52 《糧食和平計劃法》：William Shurleff 和 Akiko Aoyagi（2021）《History of Food For Pease (Public Law 480) and Soybeans (1954-2021)》Soyinfo Center.

53 美國提出歐洲共同體免除美國油籽進口關稅：https://web-archive-2017.ait.org.tw/infousa/zhtw/E-JOURNAL/EJ_Benefits/hills.htm（最後瀏覽：2022 年 11 月 9 日）; https://www.pkulaw.com/qikan/96c31c680d63085f4c0dd221126d1173bdfb.html（最後瀏覽：2022 年 11 月 9 日）

54 美國有關生物柴油的法案：https://afdc.energy.gov/fuels/laws/BIOD?state=US（最後瀏覽：2022 年 11 月 9 日）

55 美國大豆油的早期發展：William Shurtleff 和 Akiko Aoyagi（2004）《Archer Daniels Midland Company (1929 - Mid 1980s): Work with Soy》Soyinfo Center; William Shurtleff 和 Akiko Aoyagi（2007）《History of Soybean Crushing: Soy Oil and Soybean Meal - Part 6》Soyinfo Center.

56 《小小大豆》詩，J.W. Hayward (Mrs.)（1944）*Chemurgic Digest* 2(11):155.

57 亨利・福特與大豆工業：William Shurtleff 和 Akiko Aoyagi（2021）《Henry Ford and His Researchers – History of Their Work with Soybeans, Soyfoods and Chemurgy (1928-2011)》Soyinfo Center; https://www.thehenryford.org/collections-and-research/digital-resources/popular-topics/soy-bean-car/（最後瀏覽：2022 年 11 月 9 日）; https://www.thehenryford.org/collections-and-research/digital-collections/expert-sets/7149/（最後瀏覽：2022 年 11 月 9 日）

58 早期的美國大豆種子：C.V. Piper 和 W.J. Morse（1923）《The Soybean》. 頁 41. McGraw-Hill, New York.

59 Howard Dorsett 和 William Morse 大豆收集歷史：Theodore Hymowitz（1984）*Economic Botany* 38(4):378-388.

60 美國農業部大豆保存：https://www.gbif.org/grscicoll/collection/6e5b27ae-183f-47c1-8a60-7dda5fe05b11（最後瀏覽：2022 年 11 月 9 日）

61 William Morse 對美國大豆的貢獻：William Shurtleff 和 Akiko Aoyagi（2017）《William Joseph Morse – History of His Work With Soybeans and Soyfoods (1884-2017)》Soyinfo Center.

62 美國種子公司的發展：William Shurtleff 和 Akiko Aoyagi（2020）《History of Soybean Seedsman and Seed Companies Worldwide (1854-2020)》Soyinfo Center.

63 孟山都公司曾雄霸全球大豆市場：https://www.marketplace.org/2013/05/13/monsanto-behemoth-controls-90-percent-soybean-production/（最後瀏覽：2022 年 11 月 9 日）

64 基因改造大豆帶來經濟利益：Graham Brookes 和 Peter Barfoot（2014）*GM Crops & Food: Biotechnology in Agriculture and the Food Chain* 5(1):65-75.

65 重要美國種子公司的合併重組：https://www.dtnpf.com/agriculture/web/ag/crops/article/2019/10/17/review-herbicide-tolerant-soybean（最後瀏覽：2022 年 11 月 9 日）; https://www.agcanada.com/daily/bayer-corteva-in-two-dog-battle-over-u-s-soy-market（最後瀏覽：2022 年 11 月 9 日）

66 獲歐盟認可安全使用的 XtendFlex 大豆：https://www.isaaa.org/kc/cropbiotechupdate/article/default. asp?ID=18383（最後瀏覽：2022 年 11 月 9 日）

67 獲歐盟認可安全使用的 Enlist 大豆：https://www.isaaa.org/gmapprovaldatabase/approvedeventsin/ default.asp?CountryID=EU（最後瀏覽：2022 年 11 月 9 日）

68 《布朗特報告》的歷史：https://www.sharing.org/information-centre/reports/brandt-report-summary（最後瀏覽：2022 年 11 月 9 日）; https://zh.wikipedia.org/wiki/%E5%8D%97%E5%8C%97%E5%88%86%E6% AD%A7#cite_note-4（最後瀏覽：2022 年 11 月 9 日）

69 巴西大豆歷史：Eduardo Antonio Gavioli (2013) 《A Comprehensive Survey of International Soybean Research – Genetics, Physiology, Agronomy and Nitrogen Relationships》 (James Board 編) Chapter 16, 頁 341-366, INTECH

70 大豆與巴西和阿根廷的經濟：Eduardo Bianchi 和 Carolina Szpak (2017) 《Soybean Prices, Economic Growth and Poverty in Argentina and Brazil》 FAO.

71 同上

72 1973 年美國大豆禁運：I.M. Destler (1978) *International Organization* 32(3):617-653.

73 同註 70

74 同註 70

75 南美大豆產業鏈：Marcelo Regunaga (2010) 《Implications of the Organization of the Commodity Production and Processing Industry: The Soybean Chain in Argentina》 World Bank.

76 同註 70

77 巴西大豆農民債務與再投資陷阱：Ramon Felipe Bicudo Da Silva 等 (2020) *Frontiers in Sustainable Food Systems* 4(12).

78 中國與巴西大豆貿易的雙邊關係：Natalia Yevchenko 等 (2021) E3S Web of Conferences 273:08014.

79 同註 69

80 同註 69

81 巴西大豆種植與伐林分析：M.N. Macedo 等 (2012) *Proceedings of the National Academy of Sciences USA* 109(4):1341-1346; A. Tyukavina 等 (2017) *Science Advances* 3:e1601047

82 同上

83 《亞馬遜停種大豆協議》的成效：Jude H. Kastens 等 (2017) *PLOS ONE* 12(4):e0176168; Robert Heilmayr 等 (2020) *Nature Food* 1:801-810

84 同上

85 同上

86 《塞拉多宣言》：https://cerradostatement.fairr.org/（最後瀏覽：2022 年 11 月 9 日）

87 塞拉多平原區大豆種植與全球氣候變化：https://news.mongabay.com/2021/07/amazon-and-cerrado-deforestation-warming-spark-record-drought-in-urban-brazil/（最後瀏覽：2022 年 11 月 9 日）; https:// news.mongabay.com/2020/05/soy-made-the-cerrado-a-breadbasket-climate-change-may-end-that/（最後瀏覽：2022 年 11 月 9 日）

88 同註 70

89 同註 70

90 阿根廷大豆出口稅及其對大豆種植面積的影響：https://www.world-grain.com/articles/14862-argentina-decides-not-to-increase-grain-export-taxes; https://dialogochino.net/en/agriculture/44411-is-argentinas-soy-boom-over/（最後瀏覽：2022 年 11 月 9 日）

91 同註 70

92 同註 90

93 同註 70

94 同註 64

95 歐盟大豆進口：https://ec.europa.eu/commission/presscorner/detail/en/IP_19_161（最後瀏覽：2022 年 11 月 9 日）

96 東南亞對豆粕的需求：https://www.ers.usda.gov/amber-waves/2019/april/southeast-asia-s-growing-meat-demand-and-its-implications-for-feedstuffs-imports/（最後瀏覽：2022 年 11 月 9 日）

97 「大豆聯合共和國」：https://grain.org/article/entries/4749-the-united-republic-of-soybeans-take-two（最後瀏覽：2022 年 11 月 9 日）

98 非洲南方種植大豆的預測：Christine Foyer 等 (2019) *Plant, Cell and Environment* 42:373-385.

SCIENTIFIC RESEARCH

第五章

科研篇

5.1 ｜ 種子技術

5.2 ｜ 積溫、光周期、光合作用

5.3 ｜ 環境脅迫

5.4 ｜ 大豆病蟲害

5.5 ｜ 大豆食品營養改良

5.6 ｜ 大豆共生固氮

在這一章會提綱挈領地介紹一些大豆改良相關的主要科學問題。

隨著世界農地的質和量下降，創造高營養、能增產及適應各種環境挑戰的種子，是紓緩農業壓力的重要手段。

育成新種子是農業改良的主要手段。利用大豆種子資源，配以先進的基因及遺傳技術，可以針對需要製造出不同的新種子。本文會簡介一些常見的育種技術，並釐清一些容易混淆的育種名詞，例如雜交育種、雜交優勢、輻射育種、航天育種、分子標記育種、轉基因和基因編輯等。

生產者種植大豆，大都先關注與收入關係最密切的產量。影響產量的因素很多，包括種子本身的特性，環境因素如陽光、天氣、降雨、土壤、病蟲害，還有種植方法和機械化等。

積溫和光周期會影響大豆能否有效完成生長周期。此外，大豆生產的主要環境威脅包括乾旱、澇災、鹽鹼、酸鋁等。因此有需要篩選及培育能應對各種環境狀態的大豆品種。

大豆防治病蟲害主要靠篩選及培育抗性大豆品種，改善耕作方式如實施輪作、加強排水和翻土、改變播種日子，化學農藥控制，以及生物天敵控制等。

大豆的營養成分是另外一個關注重點，特別是油和蛋白含量，因為這樣會影響大豆品種的用途，例如可以用高油品種生產大豆油，高蛋白品種製造豆製食品等。大豆種子中亦有些不良成分，可以通過常規育種、基因沉默或基因編輯等方法降低甚至剔除。

5.1 | 種子技術

種子是農業的命脈，種子資源是農業改良的根本，所以，主要的農業大國都會設有種子庫（一般稱為種質資源庫）。在第四章中我們談到，種子收集、應用、技術發展和大型種子公司的建立，是美國大豆業成功的主要原因之一。中國是大豆的起源地，擁有豐富的種子資源[1]，野生大豆資源的庫藏，比美國農業部高得多。近年中國亦全面開展大豆種子資源研究，國內的種子公司也有長足發展。2022 年中國國務院更修改了《種子法》來保護國家種子資源及育種家的知識產權[2]。

要有效應用大豆種子資源，便需要更了解不同大豆的基因組差異，從而找到相關的重要基因及闡明基因的功能。隨著基因組測序技術的急速發展，不同大豆的基因組相繼被解碼，為大豆種子研究帶來了新動力[3]。

「雜交育種」與「雜交優勢」

育種是農業改良的重要手段，簡單意思是創造新種子，科學理論與傳統智慧的配合，在育種實踐中可以產生互補和協同效應。

「雜交育種」和「雜交優勢」是兩個很容易混淆的名詞（Box 5.1）。「雜交」原是指通過人工授粉，將一朵花雄蕊上的花粉，轉移到另一株植物的一朵花的雌蕊，產生的「雜交種子」包含了來自父本（提供花粉

的植株）和母本（接受花粉的植株）的基因，稱為 F1 代。從 F1 代開始，讓植物通過自花授粉繁殖（同一朵花的花粉為雌蕊授粉）或回父（與其中一個親本做授粉），經多代篩選和純化，直至產生穩定的種子，通過田間生產測試，才完成「雜交育種」的流程。

諾貝爾和平獎得主 Norman Borlaug 利用「雜交育種」技術，在第 8,156 次「雜交」時育成半矮型「小麥 8156」，令南亞、東亞、非洲、拉丁美洲等地的小麥增產兩倍以上 [4]。

傳統的大豆育種大多採用「雜交育種」這手段，因為大豆基本上是自花授粉的，所以只要成功進行第一次雜交產生 F1 代，後面的步驟會較容易完成。

「雜交優勢」是遺傳學上與「雜交育種」一個不同的概念。在雜交後，F1 代同時擁有來自父本和母本的基因組，導致大量基因位點都處於非純合狀態。此時在優勢顯性基因、超顯性遺傳和表觀遺傳的作用下，F1 植株會顯示出比雙親更優越的表型，這就是「雜交優勢」。而 F1 後代基因組漸趨純合，雜交優勢會減弱甚至消失。因此，「雜交優勢」是利用 F1 代種子直接種植成產品食用（Box 5.1）。生產是大規模的事，逐朵花來進行人工授粉是很困難的，而且還要避免親本的自花授粉。

應用「雜交優勢」成功增產的例子最早是美國的玉米生產，玉米的花分為雄花和雌花，不會自花授粉，只要選好配對組合，「雜交」相對容易。

中國的「雜交水稻」震驚世界，它比常規水稻增產 20%，推算能多養活 7,000 萬人 [5]。水稻的花同時擁有雄蕊和雌蕊，很容易進行自花授粉，嚴重影響「雜交」的成功率。以袁隆平為首的中國育種家成功以

Box 5.1

雜交育種與雜交優勢

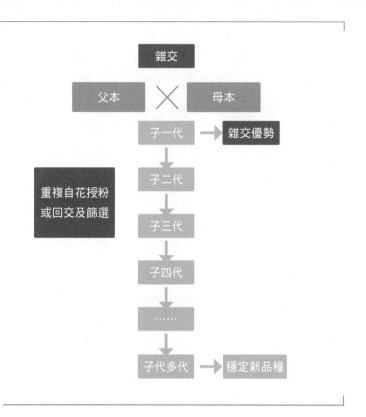

Box 5.2

三系雜交大豆

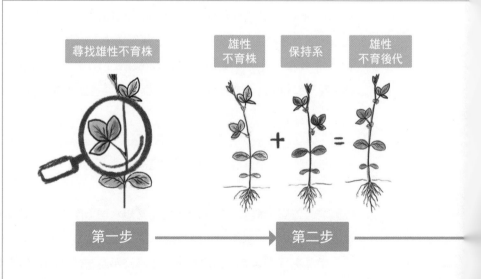

「三系」法製成「雜交水稻」，簡單來說，首先是找到「雄性不育系」，即是該水稻沒有有效花粉，避免了自花授粉；第二是找到「保持系」，「雄性不育系」在接受「保持系」的花粉後，能夠延續下一代但同時維持雄性不育；第三是選定「恢復系」，「雄性不育系」在接受「恢復系」的花粉後產生可以自花授粉的 F1 代，F1 代的種子會產生能增產的新一代，用作生產。

大豆是嚴格自花授粉的農作物，吉林省農科院的孫寰（見第六章）首先成功找到「三系雜交大豆」（Box 5.2）所需要的「雄性不育系」、「保持系」和「恢復系」，但由於大豆植株之間的「雜交」成功率受到大豆蝶形花結構的限制，需要利用特定蜂媒來傳花粉，所以「三系雜交大豆」的應用還未能普及。

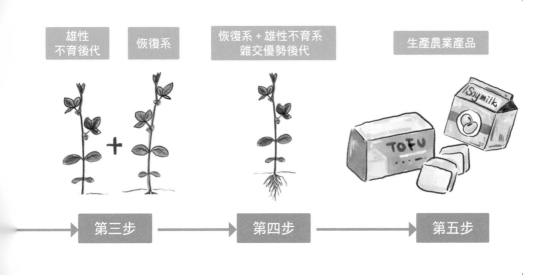

輻射與航天誘變育種

「雜交育種」和「雜交優勢」的原理，都是利用父本和母本之間的不同基因組合。不同品種之間的差異，源自在自然界中經常發生的隨機突變，當有些突變在某些個體的基因組中被固定下來，便會變成群體多態性的一部分。基因組的多態性是生物多樣性的基礎，亦解釋了種子資源在農業改良中的重要性。

自然突變是一個緩慢的過程，使用輻射和化學物質能加速突變的發生，有可能形成新品種[6]。能夠產生誘變的化學物質一般是致癌物質，在完成育種後仍會存在於環境之中，有一定安全風險，而且能產生的突變變化較少。

輻射誘變育種是用高能量輻射衝擊基因組，能產生較大的基因組及基因變化，以及較多元的新性狀。而且在完成誘變後，基本沒有有害的殘留物，所以較受育種家歡迎。

在中國，早期的大豆輻射育種主要應用高能量的 X– 射線和伽馬射線，主要的突變類型包括品質、產量、抗性等。通過與「雜交育種」互相配合，育成了抗灰斑病的「牡豐 6」、抗花葉病毒的「誘變 30」，以及雙抗灰斑病和花葉病毒的「合豐 33」等[7]。

為了增強誘變效率，上世紀 90 年代日本科學家發明了利用重離子束取代其他輻射作為誘導突變的方法，漸漸成為主流[8]。由於太空科技的發展，近年又衍生了航天育種，這方面的研究在中國進展得很快。太空中有不同的輻射、不同的重力狀態和電磁場，理論上可以產生更複雜和多元的誘變。利用這種新方法，最少有四個新大豆品種已經通

過中國的國家級或省級的審批，包括早熟高油的「克山 1」和早熟高蛋白質的「金源 55」等[9]。

輻射和航天誘變育種遇到最大的技術挑戰，包括誘變材料的選擇、高效的篩選方法、隱性突變的保留、後代群體的穩定性和完整性，以及構成新性狀的完整機理等。

分子標記輔助育種

不是做科研或育種的朋友，每次聽到基因或分子生物這些名字，都會馬上聯想起轉基因農作物，其實分子標記輔助育種、轉基因和基因編輯這幾個用於製造新種子的技術，內容是有很大分別的。

不同個體間的基因組分別，主要是基因序列的改變，可以通過研究分析，變成一些能利用分子手段來區別的標記，稱為分子標記。分子標記廣泛分佈在基因組內，可以用作追蹤特定基因片段。

用一個例子做說明，筆者的團隊發現了有些大豆品種是耐鹽的，有些則不是，我們利用遺傳學和基因組學找到了一個耐鹽主效基因，在 3 號染色體某個位置，利用該位置的基因序列訊息，可以製作分子標記，追蹤耐鹽主效基因，不用每一代都用鹽水篩選，加快了育成耐鹽大豆的速度（Box 5.3）。

最新有中國科學家提出，配合分子標記、非產區繁種來增加每年的繁殖世代，以及使用新鮮種子等手段，可以有效加速大豆育種的流程[10]。

Box 5.3

分子標記輔助培育耐鹽大豆

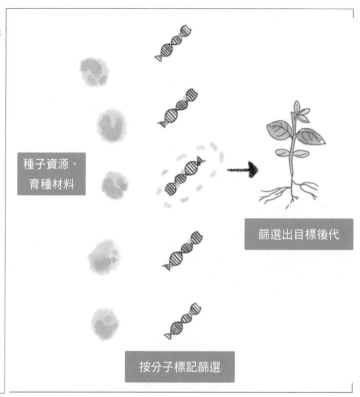

種子資源、育種材料

篩選出目標後代

按分子標記篩選

轉基因、基因編輯

如果我們要改良某種農作物的一個特定性狀，但在種子資源中並沒有擁有能產生這種性狀的基因，那便要借助其他物種的基因了。將外源基因導入一個農作物，便會產生轉基因農作物 [11]。在植物中，最常見的基因導入方法是利用農桿菌或基因槍。前者是生物方法，將目標基因首先導入農桿菌，再通過農桿菌感染，將目標基因轉到植物細胞。後者是物理方法，利用氣壓產生的速度，將依附在金微粒上的目標基因直接穿透細胞壁進入植物細胞（Box 5.4）。

Box 5.4

如何製造轉基因作物

目標基因導入農作物後會產生幾種常見的後果：

（一）停止一些原有基因的功能。全世界最早用作商業生產的轉基因農
作物，是 1994 年獲准商業生產的延緩成熟番茄，外來基因導入蕃茄
後，令到番茄內製造乙烯的基因沉默，番茄因此未能完全成熟、不會
變軟，大大減少運輸過程中的耗損。延緩成熟番茄後來因為商業原因
停止生產，但通過轉基因導致原有基因沉默的技術，被應用到抗農作
物病毒上，如果能令病毒基因沉默，農作物便不會受感染。夏威夷抗

187

病毒木瓜是一個很成功的例子，木瓜病毒 1992 年第一次在夏威夷出現，幾年間令夏威夷木瓜大量減產。1998 年夏威夷引進轉基因抗病毒木瓜，令木瓜病毒消退，挽救了當地木瓜生產。到了今天，轉基因抗病毒木瓜仍然在夏威夷木瓜生產中佔一席位。

（二）添加新的功能。目前轉基因種子市場中佔有率最高的，是抗除草劑大豆和抗蟲玉米，都是靠導入外源基因產生新的功能。除草劑能清除雜草，避免雜草與農作物競爭土壤中的養分，但同時能影響農作物的生長，兩全其美的方法是研製抗除草劑農作物。除草劑的原理一般是抑制植物內的一些主要代謝途徑，但會避開人和動物同時受影響。以曾經雄霸種子市場的 Roundup-Ready 大豆為例，Roundup 是一種抑制植物內芳香族胺基酸合成的除草劑，可以把植物殺死。由於動物及人類本來就沒有生成芳香族胺基酸的酶，需從食物吸收芳香族胺基酸（必需胺基酸），所以不受 Roundup 影響。科研人員把一種細菌基因導入大豆，產生新的、不受 Roundup 影響的酶，令大豆可以在噴灑 Roundup 的情況下，仍能製造芳香族胺基酸，得以繼續生存。於是在大豆田中噴灑 Roundup 既可以殺死雜草，又不傷害 Roundup-Ready 大豆。在美國和南美，有些農場索性用免耕法，在收成上一季農作物後直接播種大豆，省卻翻地除草的步驟，當雜草與大豆同時長起來的時候，噴灑 Roundup 便可以解決問題。

蟲害是另一種嚴重影響產量的農業難題。在有機種植的實踐中，農夫可以在農田中使用一種能殺蟲的蘇雲金芽孢桿菌（*Bacillus thuringiensis*）。科研人員發現蘇雲金芽孢桿菌殺蟲的功能，主要基於細胞內的一種毒蛋白（BT 蛋白），將 BT 蛋白的基因導入玉米，玉米便會製造這種毒蛋白，不用在田中添加蘇雲金芽孢桿菌，害蟲吃了玉米葉，便會中毒死亡。這種 BT 蛋白在昆蟲腸道的極鹼性狀態下才會有殺

傷力，所以對人畜無害。除了 BT 玉米，棉花是另一個廣泛使用類似技術的農作物，用來控制難以應付的棉鈴蟲。

（三）改變代謝途徑。轉基因技術還可以令農作物產生新的代謝物，「黃金水稻」便是一個著名的例子。稻米是亞洲和非洲的主要糧食來源，由於稻米欠缺維生素 A，所以依賴稻米為主糧的人口中，每年有 25–50 萬名兒童會因為缺乏維生素 A 而失明。1982 年開始，洛克菲勒基金會資助「黃金水稻」的研發計劃，旨在利用轉基因技術，改變稻米內的代謝途徑，從而產生胡蘿蔔素，胡蘿蔔素進入人體後會轉化為維生素 A。2000 年，Ingo Potrykus 和 Peter Beyer 團隊首先公佈科學數據，證明這方法是可行的。之後「黃金水稻」在美國、菲律賓、台灣、孟加拉等地相繼進行田間測試。2021 年，菲律賓成為全球第一個批准商業生產「黃金水稻」的國家。

相對傳統育種，轉基因農作物是新技術，所以風險管理是重要的一環，美國和歐盟採取了截然不同的原則。

科學的風險評估主要分為食品安全評估和環境安全評估。目前並沒有科學證據證明轉基因技術的技術本身會影響食品安全和環境安全，問題是究竟用了甚麼外源基因，而該外源基因有甚麼風險。

歐盟採用的是「預防原則」，不要求有實質科學證據來證明轉基因農作物不安全，重點是要給消費者一個自由的選擇權，所以，歐盟的轉基因食物標籤是強制性的。

美國則採取「實質相同」，一種基於科學證據的原則，它不是追求絕對安全，而是著重與傳統非轉基因農作物的比較，主要的關注是相對

於傳統農作物，轉基因農作物的安全程度是否相若，還是有新的風險，所以，美國的轉基因食物標籤是自願性的。

例如用轉基因大豆壓榨成的大豆油，如果該大豆油不含外源基因及外源基因所製成的蛋白，而且營養成分與傳統大豆油相若，便可以視為「實質相同」，沒有食品安全問題。

又例如我們直接食用轉基因大豆的種子，種子內會包括外源基因及外源基因所製成的蛋白，縱使營養成分相若，仍需要做外源蛋白安全性的評估。基因會被消化系統降解，一般風險很低。正如我們每天吃水果都把許多「活」的基因吞進肚內，未發現水果基因會變成人體一部分。至於外源蛋白，一般會進行毒性和致敏性測試。如果外源蛋白有毒，在動物餵食測試中便會被發現。

但致敏反應卻因人而異，所以檢測較為複雜（Box 5.5）。如果外源基因來自已知可致敏的物種，或是外源蛋白與已知致敏源蛋白的序列或結構相近，可以將外源蛋白進行與已知致敏源相關的免疫測試，其中包括對過敏人士的皮膚進行「點刺測試」。不符合這些條件的，會進行模擬胃液消化測試，如果外源蛋白很快被降解，會引起致敏風險的可能性便很低。

到目前為止，世界衛生組織並未有發現在國際市場上由轉基因農作物製成的食品危害人體或動物安全的個案[12]。

環境安全評估是希望能減輕因種植轉基因作物而對環境構成的風險。我們未必需要擔心農作物會變成不受控制的雜草漫山遍野地生長，人類花了很多氣力去增加糧食供應，就是因為農作物的生長受到很多限

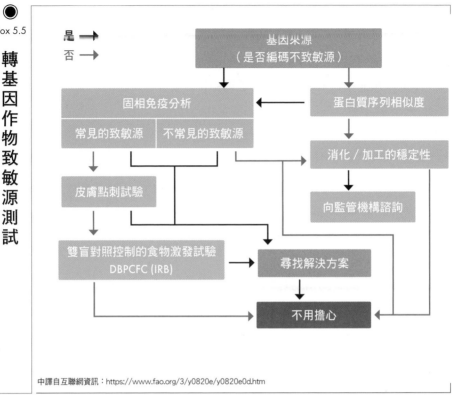

Box 5.5
轉基因作物致敏源測試

是 ➡
否 ➡

基因來源
（是否編碼不致敏源）

固相免疫分析

常見的致敏源 | 不常見的致敏源

皮膚點刺試驗

雙盲對照控制的食物激發試驗
DBPCFC (IRB)

蛋白質序列相似度

消化／加工的穩定性

向監管機構諮詢

尋找解決方案

不用擔心

中譯自互聯網資訊：https://www.fao.org/3/y0820e/y0820e0d.htm

制，相信很難會做到遍地農作物。但是，外源基因有可能通過花粉傳播等橫向基因轉移的途徑，進入與農作物是近親的雜草，令到雜草生長更具優勢，變成超級野草。所以，在種植一種轉基因作物之前，需要對該地區的物種分佈有足夠了解。

另外一種風險是抗蟲轉基因農作物，除了殺死害蟲，是否也會一併殺死其他昆蟲。這種風險在噴灑化學殺蟲劑的方法上是難以避免的，但轉基因農作物並不是所有昆蟲的食物，可能反而更有區別性。帝王蝴蝶（Monarch butterfly）是一個人們經常談到的個案 [13]。1999 年 6 月，

康乃爾大學的科研人員在《自然》（Nature）雜誌上發表了一篇論文，指出在實驗室條件下，帝王蝴蝶毛蟲進食抗蟲玉米花粉後，會受到傷害。帝王蝴蝶是北美的原品種，於是人們開始擔心，隨著轉基因抗蟲玉米的種植面積在美國擴展，帝王蝴蝶可能會面對滅絕的命運。然而，玉米花粉並不是帝王蝴蝶毛蟲的食物，真正的風險要在真正的環境中去做科學評估，於是，一群科研工作者進行了一系列的後續研究，數篇論文在 2001 年 9 月的《美國國家科學院院刊》（PNAS USA）中發表，結論是轉基因抗蟲玉米並沒有對帝王蝴蝶帶來即時的風險。科學是永遠向前看的，環境評估面對的條件很複雜，所以就算某轉基因作物被評估為低風險，在田間釋放後，仍然需要做持久的監察。

另一個擔憂是，長期使用某種除草劑，或是長期種植轉基因抗蟲農作物，是否會因為選擇壓力而導致抗除草劑雜草和超級害蟲的出現呢？這些憂慮已漸漸變成真正的問題。Roundup 曾是一種很受歡迎的除草劑，由於大量使用，在美國、巴西、阿根廷、南非等國家相繼出現耐 Roundup 除草劑的雜草 [14]，影響了免耕種植的成效。種子公司的應對方法是發明能抵抗多種除草劑的轉基因農作物，希望總有一種除草劑能控制雜草，但又不影響農作物。

同樣基於選擇壓力，由於大量種植抗蟲的 BT 玉米，也催生了對 BT 毒蛋白有抗性的害蟲 [15]。要減慢抗性害蟲的演化，便要減輕選擇壓力，一些大農場會種植一定比例的非轉基因玉米，作為昆蟲的避難所，成功地延緩抗 BT 蛋白害蟲的出現。另一種應對方法是努力尋找更多的毒蛋白基因，通過在轉基因植物中製造不同的毒蛋白來防治害蟲。

中國對轉基因農作物的商業種植的態度十分謹慎，現時獲准種植的轉基因農作物，主要是抗蟲棉花和一些抗病毒的番茄、木瓜等，還有轉

基因煙草。到目前為止，轉基因水稻、玉米、大豆等主要農作物，仍未獲准商業種植。但是，在 2022 年 1 月和 6 月，中國農業農村部公佈了《農業轉基因生物安全評價管理辦法》修訂版及《國家級轉基因大豆玉米品種審定標準》[16]，有了完整可行的標準才有機會商業化生產，因此這些新改動似乎是對未來轉基因大豆和玉米的商業種植開了一扇門。

基因編輯農作物也是通過改變和調控基因的功能，達到農作物改良的效果。與轉基因技術不同，基因編輯的主流應用是改寫農作物原來的基因密碼，令到一些對農業生產不利的基因失活，或是通過編輯來改變某些特定基因的功能（Box 5.6）。這兩種應用都不牽涉外源基因，而且結果同樣有可能在自然的基因隨機變化中產生，所以風險較低，最後的產品與自然產生的變化亦很難區分。

Box 5.6

基因編輯農作物

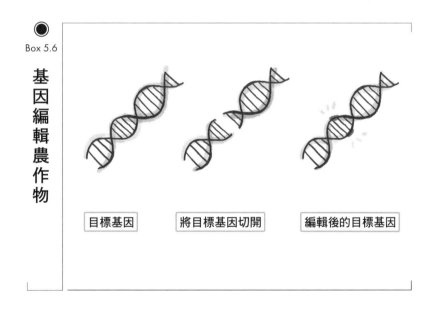

| 目標基因 | 將目標基因切開 | 編輯後的目標基因 |

基因編輯無論在醫學和農業上都有很廣泛且深遠的應用前景[17]。例如有一種大豆是用基因編輯製成的，通過改變兩個與脂肪代謝有關的基因，新產生的大豆在製作大豆油的工序中會達到零反式脂肪的效果[18]。

其實基因編輯技術也可以用來引進外源基因，這樣在效果上與轉基因技術便很類似了，但稍有不同。用基因編輯技術引進的外源基因，會是在基因組上的定點位置，而以往的轉基因技術是隨機插入，所以比基因編輯技術多了一重風險。筆者相信日後基因編輯技術會取替轉基因技術，成為農業生物科技育種的主流。

在農業應用方面，美國視基因編輯農作物為常規農作物，歐盟則認為與轉基因農作物一樣，需要強制標籤和進行所有相關的嚴格安全測試。很多其他國家，例如中國，則採取介於兩者之間的立場。2022 年1 月，中國公佈有關基因編輯植物安全評價指南，進一步將基因編輯技術放進農業改良的日程[19]。

5.2 | 積溫、光周期、光合作用

積溫

太陽提供了植物生長所需要的能量，但由於地軸傾斜，不同緯度地區接收的日照強度和日照周期都不一樣，而且會因為地球環繞太陽運行而產生不同季節。農作物要在合適的緯度和合適的季節種植，才會有好的收成。此外，在高海拔地區，氣溫會較低，熱能較少，也會影響農作物收成。平均海拔每上升 100 米，夏季和冬季氣溫會分別降低約 0.6 和 0.36 度 [20]。

在第一章中，我們談論過積溫這個概念。農作物需要在一定的溫度下才能生長，而積溫是農作物能進行生長發育的每天的溫度總和。溫度太低，農作物不但不能生長，而且還會凍壞，所以在高緯度和高海拔的地區，每年只有短暫的夏季能夠種植農作物。相反，如果農作物在花期遇上高溫，花和種子的發育也會受到影響。所以，選擇合適的農作物在合適的季節和地區播種，是保障收成的關鍵。

在中國，大豆種植跨越多個積溫區（Box 5.7），除了在青海和西藏高原，以及沙漠地帶沒有種植大豆外，差不多每個省份都有或多或少的大豆生產。育種人員選育出可以在不同積溫區有效生長和完成生長周期的大豆，至為重要。

Box 5.7

中
國
的
溫
度
帶
與
熟
制

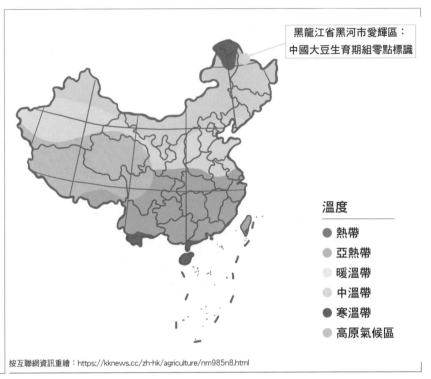

黑龍江省黑河市愛輝區：
中國大豆生育期組零點標識

溫度

● 熱帶
● 亞熱帶
○ 暖溫帶
○ 中溫帶
● 寒溫帶
● 高原氣候區

按互聯網資訊重繪：https://kknews.cc/zh-hk/agriculture/nm985n8.html

「生育期組」的概念

大豆是對「光周期」敏感的農作物，屬短日照開花型，意思是有效率
的開花結莢需要在日短夜長的季節發生。種植大豆要有產量，便需要
確保植株能完成整個生長周期，因此隨季節改變的「光周期」（日和夜
的長短）是決定性的因素。不同緯度的地區的「光周期」會很不同，
因此每種大豆的生長地域跨度便有限制了。

在高緯度的地區，夏季和暖並且大部分日子都是「日長夜短」，冬季
則非常寒冷但「日短夜長」。大豆要趕在短暫的夏季生長和累積養分，

並在寒冷天氣到來之前完成生長周期，所以這些地區需要的是早熟品種（很快便開花結莢的品種），特點主要是對光周期不敏感，不需要短日照便能開花結莢，完成生長。如果種植了晚熟品種，還來不及開花結莢便會凍死了。

相反，在低緯度的地區，天氣較和暖，但生長期內的「日長夜短」日子不長，大豆在未充分利用陽光來生長和累積養分的情況下，太早開花結莢便會減低產量，所以這些地區需要的是延後成熟的品種，讓大豆可以充分利用陽光生長而增產。

篩選合適成熟期的大豆品種在不同地區種植，是維持大豆產量的重要任務。在北美，大豆共分為 13 個「生育期組」：MG000、MG00、MG0、MGI、MGII、MGIII、MGIV、MGV、MGVI、MGVII、MGVIII、MGIX、MGX（從最早熟到最晚熟），每組品種在它們的適應地區成熟時間早晚相差約 10-15 天，每個組別內會再作細分，例如 MG0 組別內有 MG0.0、MG0.1、MG0.2……等。美國大豆農戶利用這個系統成功選出最合適的品種種植，以合適的成熟期來保障產量。

應用這個概念，在中國種植的栽培大豆包含除 MGX 外的 12 個「生育期組」，但進一步的研究說明，13 個「生育期組」的大豆都可以在中國不同地區種植 [21]。

中國大豆的種植區跨度很大，包括高緯度且寒冷的地區，中國大豆研究人員在黑龍江省黑河市寒冷地區的實驗中，發現了比美國 MG000「生育期組」對照品種更早熟的品種，命名為 MG0000「生育期組」[22]。

2021 年 9 月 9 日，在黑龍江省黑河市愛輝區黑龍江省農業科學院黑河

分院（北緯 50°15'，東經 127°27'，海拔 168.5 米）（Box 57，見前），樹立了「中國大豆生育期組零點標識」，以這地點定位中國大豆生育期組 MG0.0 的適宜種植北界，成為了一個重要的農作物地理標誌[23]。選擇這裡的原因，是因為中國目前推廣面積最大（每年 1,200 萬畝）的大豆品種「黑河 43」便是在這裡育成，而「黑河 43」的「生育期組」歸類為 MG0.0[24]。

從寒冷的中國東北，讓我們將話題轉到南半球和暖的巴西。巴西目前是全球最大的大豆出口國，它的大豆生產原來是在緯度較高的南方開始，上世紀 80–90 年代開始向北部低緯度地區發展，成功在南緯 15° 以下生產大豆，有些種植點甚至接近赤度。這主要是因為有些大豆能夠延遲成熟，令大豆在低緯度的日照狀態下增長生長時期，達至保護產量。科學界一直都想找到巴西低緯度大豆的秘密，最後兩組中國科研人員分別報導了同一個基因，命名為 J 基因，並提出 J 基因突變是巴西大豆延遲成熟的原因[25]。

高光效育種

光合作用是農作物生長的根本，能夠更有效地利用陽光進行光合作用，便有機會增加產量。但是，光合作用是一個複雜的過程，既要將光能轉化為在葉綠體內的電子傳導，又要避免過高能量會對植物細胞帶來傷害。電子傳導中的能量，會用來支持將二氧化碳轉化為有機碳物質的生物化學反應，稱為「固碳」作用。但在很多植物，包括水稻和大豆，它們辛苦地「固」下來的有機碳物質又有可能通過一種名為「光呼吸」的作用而變為二氧化碳，未能全數轉為糖分。

有很多科研人員研究光合作用這課題，但真正能產生高光效農作物

的成功例子並不多。有一個引起了熱議的課題名為 C4 水稻，獲得蓋茨基金的資助 [26]。植物的光合作用有兩大類，水稻和大豆等屬於 C3 類，玉米、小米和高粱等屬於 C4 類。簡單來說，使用 C4 光合作用的植物，可以避開光呼吸作用，二氧化碳會更有效轉化為糖。C4 水稻的熱潮，是源自古森本教授的一項研究，他發現從玉米中把 C4 光合作用的基因轉移到水稻中，能增加水稻的光合作用效率 [27]。

大豆雖然是 C3 類農作物，但卻擁有一定 C4 途徑相關的光合作用酶。大豆高光效育種開始時，亦以加強 C4 途徑和利用單葉光合速率為主要目標，結果陷入了困境。後來改為以常規育種為基礎，加入光合作用及指標，成功打破僵局 [28]。

1976 年開始，黑龍江省農業科學院大豆研究所與中國科學院植物研究所合作，開展新一輪的大豆高光效育種。通過學科間的協作，制定了大豆高光效育種目標的原則和系統，先要符合生產地的生態類型和栽培水平的基礎上，後在加上光合速率和 C4 途徑等指標。經過多年的努力，杜維廣等研究人員在 1994–1999 年間成功育成高光效的「黑農39」、「黑農 40」和「黑農 41」大豆品種，區域平均產量和生產測試產量都比對照組高出十多個百分點 [29]。這個經驗很重要，生產與純科學研究不一樣，高產是由很多因素構成的，利用單一指標來增產很難會成功，但配合慣常使用的常規育種原則，可以起協同作用。

有關光合作用與農作物產量的關係，近年有一個有趣的討論：「Photosynthesis in the fleeting shadows」（直譯是「飛影中的光合作用」）[30]。以往研究光合作用，都會利用在穩定光源下的光合作用數據為依歸。但是在實際的情況下，不時會有雲層經過產生飛影，影響光合作用，亦會因每天不同時間太陽入射角度改變，而產生不同的遮陰效應。植

物的光合作用因此需要進行不同陽光強度之間的生理及生化調節，反應遲緩的農作物會不能有效利用陽光而減產。大豆是受這種效應影響的農作物，據推算，反映光合作用的碳吸收率因此下降 13%。因為不同大豆品種之間存在反應速度的差異，所以對「飛影」效應的適應，可以用作高光效大豆育種的指標。

中國要擴大大豆種植，受農地面積限制，所以增加與其他農作物的間套作，是較可能的方案。間套作將會增加遮陰和「飛影」效應，對於相關的高光效育種，有強烈的需求。

5.3 | 環境脅迫

植物與動物不同，種在土地中不能走動，面對環境的脅迫，不能逃跑，只能盡力適應求生。

用一個非文字學的觀點去看「糧」字，如果「米」字是代表農作物的收成，那麼糧食的生產條件包括「日」（太陽）、「一」（大氣、降雨等）、「田」（農民的耕種活動）和「土」（田地的土質）。

太陽的重要性在上文已經討論過，在地上的農作物，主要面對的環境因素是降雨量、土地的特質和污染問題。

中國人口達 14 億，佔世界約 20%，但耕地資源只有世界 9%，而且適合大規模種植的平原（東北平原、華北平原、長江中下游平原）只佔全國土地 12%[31]。因此，要守著 18 億畝耕地的紅線[32]，生產條件較差的地區也需要進行農業生產。當有矛盾時，耕地資源要首先保障如水稻、小麥等口糧的生產。中國耕地共分 10 等，屬於優質土地的第一至三級，只佔總耕地的 31%[33]。在這種情況下，大豆耐逆研究對中國大豆生產有重要的意義[34]。

乾旱 [35,36]

農業需要大量淡水資源，佔總耗水量的 70-80%。全球人均淡水資源
逐年下降，而中國只擁有全球 6% 的淡水資源，所以人均淡水資源低
於世界平均水平，對農作物構成重大威脅。農耕淡水的來源可以是
降雨或灌溉（河水或地下水），中國降雨分佈極不平均，西北地區降
雨量低，以乾旱區（全年降雨 200mm）和半乾旱區（全年降雨 200-
500mm）為主。乾旱和半乾旱區約佔中國土地一半（Box 5.8）。在降雨
不足的地方，農業要依賴有限的河水或地下水灌溉。相反，在東南地
區降雨較多，有時還會發生澇災，農作物需要防止因倒伏而減產。

Box 5.8

中國的乾濕地區

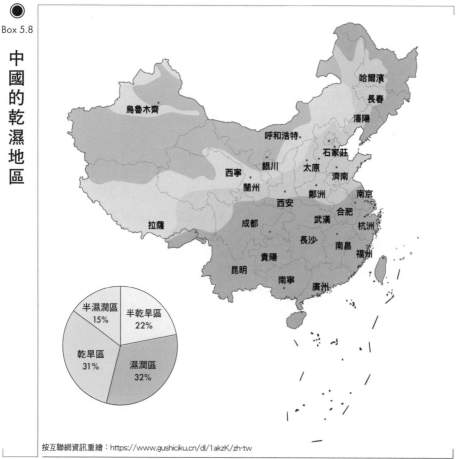

哈爾濱
長春
瀋陽
烏魯木齊
呼和浩特
石家莊
西寧　銀川　太原
濟南
蘭州　鄭洲　南京
西安　合肥
拉薩　成都　武漢　杭洲
長沙　南昌　福州
貴陽
昆明　南寧　廣州

半濕潤區 15%
半乾旱區 22%
乾旱區 31%
濕潤區 32%

按互聯網資訊重繪：https://www.gushiciku.cn/dl/1akzK/zh-tw

受乾旱影響的大豆，會導致豆莢數量、豆莢發育、種子重量、種子數目、種子質量的下降。嚴重時可以減產達 50% 以上，農民會因此蒙受巨大經濟損失。

植物應對乾旱的策略可以分為幾大類[37]：（一）製造細胞內滲壓劑，增強植物根部細胞吸水能力；（二）製造細胞內抗氧化分子，應對因乾旱而產生的過氧化物；（三）製造細胞內抗旱相關蛋白，如 LEA 蛋白；（四）改變根部結構，如增加長度、面積和密度，增強植物根部吸水能力。這些植物生理學知識提供了培育耐旱種子的科學基礎，然後利用種子資源篩選、分子標記輔助育種、轉基因或是基因編輯等方法創製新耐旱種子。

但是，真正的耐旱育種必須以最後產量為標準，所以在進行選育時，要按每個生產區的環境特質，在具代表性的生態區進行，並要應用結合豐產性和抗旱性的選擇指標[38]。

除了培育新耐旱種子外，近年有報導指出可以利用接種土壤微生物來達至大豆耐旱效果[39]。在乾旱情況下，根瘤發育受到影響，會提前衰老，因而減少固氮作用。叢枝菌根菌是一種能與植物根系結合共生之真菌，接種這類真菌能緩解在乾旱條件下根瘤提前衰老的問題，因此同時為大豆接種根瘤菌和叢枝菌根菌，成為其中一種解決在乾旱區種植大豆的方案。

澇災[40]

由於全球變暖，各地多了突如其來的暴雨，農作物在雨水過多的情況下，地上部會長得較高，根莖不夠強壯的便會產生倒伏，因而減產。

雨量太大時，在地勢低窪、地形閉塞的地區會出現大量積水，情況嚴重時會發生水淹，包括整株農作物水淹或只是根部的局部水淹。就算尚未發生淹浸，如果土壤積水超過農作物的承受能力，便會引發漬害。

大豆是旱地作物，所以對澇災只呈現有限的抗性。農作物受水淹和漬害的影響時，生理反應與乾旱相似，原因是積水將土壤中的空氣排走，農作物根部氧氣不足，需氧的生化功能受阻，不能有效將水分和養分運輸到地上部，令到光合作用受限，葉片退綠、凋亡，植物細胞在壓力下產生過氧化物，引起損害。此外，大豆根部的共生固氮作用也會因過高水分而減少。種子產量或質量都會因應澇災的程度而產生不同的負面後果。

如其他逆境脅迫一樣，大豆的耐澇機理包括許多與植物激素相關的訊號傳導機理，包括抗氧化系統。耐澇大豆似乎亦與它的形態和結構有關，耐澇大豆有較發達的不定根，有利在水淹情況下運輸水分和養分。耐澇大豆亦會產生較多的通氣組織，用作改善根部的氧氣供應。

釐清大豆耐澇機理，利用種子資源，配以遺傳學手段進行基因挖掘，已成為耐澇大豆育種的主要手段。

鹽鹼 [41,42]

世界鹽鹼土地總面積約為 900 萬平方公里，中國佔 100 萬平方公里（15 億畝），其中超過五億畝為可耕地（Box 5.9）。鹽土的形成有各種原因：例如西北高原及盆地主要是地形、水文條件和氣候因素；東北是由於地表水蒸發和凍融作用；黃淮海平原主因是低窪積鹽和農田排水不良；山東及其他濱海地區會受海水倒灌影響。

Box 5.9

中國鹽鹼地

1 濱海濕潤 — 半濕潤海水浸漬鹽漬區

2 東北半濕潤 — 半乾旱草原 — 草甸鹽漬區

3 黃淮海沖積平原半濕潤 — 半乾旱旱作 — 草甸鹽漬區

4 內蒙古高原乾旱 — 半漠景草原鹽漬區

5 黃河中上游乾旱 — 半漠景草原鹽漬區

6 甘、新漠境鹽漬區

7 青、新極端乾旱漠境鹽漬區

8 西藏高寒漠境鹽漬區

按互聯網資訊重繪：https://zhuanlan.zhihu.com/p/153262945

鹽鹼對大豆生長、發育、產量、根瘤發育和固氮功能等都有負面影響，影響的程度視乎鹽鹼的輕重。鹽鹼地一般會經過一些改良措施後，再被合理使用，例如平整土地、改善排水系統、利用滴灌作有效灌溉和以覆膜來減少水分蒸發等，增施有機肥或氮磷化肥和化學改良亦是常見方法，還可以通過種植耐鹽鹼牧草來改良土壤。

當土壤含有高鹽分時，滲透壓便可能會高於大豆的根系，在這情況，大豆會發生生理乾旱，症狀與缺乏水分類同，所以大豆應對鹽鹼的機理 [43]，部分與抗旱機理相近，當中包括製造細胞內滲壓劑、抗氧化分子、抗旱相關蛋白等。此外，還會通過改變細胞壁和細胞膜結構來適應鹽鹼脅迫。

除了生理乾旱外，高鹽分土壤中的離子（陽離子主要為鈉離子）會為大豆帶來因離子累積而產生的鹽害，因此有效控制離子運輸亦是重要的耐鹽機理。

不同大豆品種之間亦存在耐鹽能力的差異。在筆者的一項研究中 [44]，發現大豆的耐鹽性是由一個主效基因控制，這基因編碼了一個鈉離子運輸蛋白（GmCHX1），功用是把鈉離子盡量留在根部，避免在較敏感的葉片中過度積累。這個發現為大豆耐鹽育種帶來新啟示，在不引入外源基因的前提下，只需要追蹤具完整功能的 *GmCHX1* 基因便可提升耐鹽能力。

酸鋁 [45,46]

鋁是地殼中含量最多的金屬，但土壤在中性或鹼性情況下，鋁化合物一般很難溶解，所以不影響植物生長。但在酸性的土壤上，鋁可以溶解出來，對植物構成損害。世界有三分一土壤是酸性，主要在熱帶和亞熱帶地區。在中國，酸性土總面積達二億公頃，佔全國土地面積21%。

全球約 40% 的大豆種植在酸性土壤上，在中國主要影響南方大豆。由於巴西的大豆種植近年急速向低緯度的熱帶地區發展，所以耐酸鋁亦

是當地篩選大豆品種的指標。

受酸鋁影響的大豆會變得矮小，而且會令根部和根瘤的發育受損。由於土壤中的鋁離子交換量佔整體離子交換量的 20–80%，所以酸鋁會令土壤陽離子流失，後果是令農作物缺乏鈣、鎂等重要元素，同時亦令磷含量降低。

有些研究指出大豆的根構型可能與耐酸鋁有關，也有較新的報告認為大豆耐酸鋁是依賴根部分泌的有機酸。但是，大豆的耐酸鋁機理仍然未明確，亦未發現重要主效基因，所以目前耐酸鋁大豆育種主要是靠觀察在田間的直接表現。

除了利用具抗性的種子，耕作上還可以通過施用石灰、有機肥或化肥，以及播種前接種根瘤菌等手段來紓緩酸鋁脅迫。

5.4 | 大豆病蟲害 [47,48]

影響農作物生產的病、蟲、害很多，在自然界中，很多生物會依賴其他生物提供營養，農作物的各部分，都可能是其他生物的食物或寄居住所。農業一方要想辦法讓農作物在自然競爭中獲得優勢，從而增產，另一方面又不能大肆破壞自然規律，影響可持續發展，科學在其中有著重要的角色。

引致農作物減量的病蟲害種類繁多，包括病毒、細菌、真菌、害蟲、寄生植物等（Box 5.10）。傳播途徑可以分為種子傳播和土壤傳播兩大類 [49]，前者是染病的農作物產生種子，新種子一開始便帶有致病原，種植後可能引起大爆發；亦有致病原長期殘留在土壤之中，很難徹底清除。

大豆病蟲害的防治和學術研究資料繁多，不能一一盡錄，以下只能選幾個影響較大的例子，做一個簡單介紹，讓大家明白農業除了非生物性的環境脅迫外，還要面對生物世界的各種挑戰。

大豆花葉病毒 [50,51,52]

病毒嚴格來說不算是一種生物，它在離開寄主後便沒有生命現象。大豆花葉病毒是地域分佈最廣、影響最大的一種大豆病毒，大豆的主產

Box 5.10

大豆主要的病蟲害

種類	在中國大豆田中的主要病蟲害	其他資訊
病毒	大豆花葉病毒	能感染大豆的病毒超過 50 種，在中國農田成功分離鑒定到的，除大豆花葉病毒外，還有大豆矮化病毒、花生條紋病毒、蠶豆萎蔫病毒、苜蓿花葉病毒、煙草壞死病毒、煙草環斑病毒、菜豆南方花葉病毒、菜豆莢斑駁病毒、菜豆黃花葉病毒、豇豆蚜傳花葉病毒、番茄不孕病毒等。
寄生蟲	大豆胞囊線蟲、根結線蟲	大豆胞囊線蟲在中國大豆主產區造成禍害，較多出現於東北和黃淮海地區。南方根結線蟲和花生根結線蟲集中在北緯 25-35°；北方根結線蟲出現在北緯 35-40°，根結線蟲中以南方根結線蟲危害較重。
蛀莢害蟲	大豆食心蟲、豆莢螟、大豆莢癭蚊	大豆食心蟲是中國北方主要害蟲；豆莢螟是中國南方主要害蟲。
食葉害蟲	斜紋夜蛾、大造橋蟲、豆卷葉螟	在南京的一項大型調查中顯示，大豆食葉性害蟲包括鞘翅目、半翅目、同翅目、鱗翅目、直翅目等共 21 科 49 種。同翅目的大豆蚜蟲、半翅目的大豆蝽類害蟲，以及蛛形綱葉蟎科的紅蜘蛛是吸汁害蟲。
莖根蟲	豆稈黑潛蠅	其他在中國大豆田為害較大的潛蠅有豆梢黑潛蠅、豆稈蛇潛蠅、豆根蛇潛蠅和豆葉東潛蠅。
真菌	大豆疫霉根腐病、大豆亞洲鏽病	中國大豆主要真菌病包括根腐病、鏽病、菌核病、灰斑病、霜霉病和紫斑病。另外還有羞萎病、紋枯病、炭疽病、黑點病、莢枯病、白粉病、黑痘病、黑斑病、褐斑病、耙點病、灰星病、葉斑病、輪紋病等。美國近年亦受大豆猝死綜合症所威脅。
細菌	大豆細菌性斑疹病、大豆細菌性斑點病	細菌病害一般比真菌病害對產量的影響較輕。
寄生草	中國菟絲子、歐洲菟絲子	除了寄生草外，大豆田的產量還會受其他雜草的影響。

國如巴西、美國、阿根廷、中國等都受到影響。大豆花葉病毒影響大豆整體生長、根瘤發育，以及種子收成，感染的症狀主要分「花葉」型和壞死型兩大類。「花葉」即葉片呈黃綠相間並皺縮，症狀可以有不同程度，包括「輕花葉」和發展至後期的「花葉」和「斑駁花葉」。壞死型初期葉片出現褐色枯斑或葉脈壞死，嚴重時生長點亦會壞死（稱為頂枯）。

中國各地大豆田都受到大豆花葉病毒的影響，常年損失 5–7%，流行年份損失 10–20%，個別豆田損失可達 50%[53]。

大豆花葉病毒可以通過病葉汁液、帶毒種子和蚜蟲傳播。綜合的防治方法包括建立無毒種子田、加強種子檢疫及管理、蚜蟲防治、化學處理紓緩（目前仍未有效防控大豆花葉病毒的農藥），以及抗病毒品種培育等。

抗性大豆的篩選指標包括對病毒入侵具抗性、斑駁種子率低、抗種子傳播、抗蚜蟲等。最早期有記載的抗大豆花葉病毒大豆育種，可能是長澤次男等科學家在 1962 年利用「線蟲不知」（Nemashirazu）和「哈羅索」（Harosoy）雜交育成的大豆「出羽娘」（Dewamusume）。上世紀 80 年代開始，中國、美國、韓國和日本的科學家利用不同的大豆種子資源，進行了大規模的大豆花葉病毒抗性篩選，找到一些具抗性的大豆品種作為育種材料。可是，病毒亦會演化出新的毒株來令大豆抗性失效，這是一個你追我逐的共演化過程。

大豆花葉病毒株系的分類，是基於它們對大豆鑑別組（對病毒株系呈不同抗性的大豆寄主）的感染特性而定立的。如果用以測試的大豆寄主不同，大豆花葉病毒株系的分類和命名也會不同。在美國，大豆花

葉病毒分為 G1 到 G7 的七個株系，而在中國，大豆花葉病毒則分為 SC1 到 SC22 的 22 個株系。

大豆抗大豆花葉病毒的基因定位和研究，已經有了相當的進展[54]，這有助於針對性地培育抗病毒大豆品種。

利用 G1 到 G7 的七個美國病毒株系找到的抗性基因，命名為 *Rsv* 基因家族。*Rsv1* 基因源自大豆 PI96983，能夠強力抵抗 G1 到 G6，是主效的抗性基因，應用也較廣泛。*Rsv3* 基因對 G5 到 G7 有強力抗性，亦可減輕 G1 到 G4 的症狀。*Rsv4* 是一種新型的抗性基因，對 G1 到 G7 都有一定抗性。*Rsv5* 只對 G1 有抗性，具體機理仍不清楚。通過聚合育種（意思是利用雜交和分子標記篩選，將大豆的不同基因集中在一個後代之中），令後代品系中同時帶有 *Rsv1+Rsv3*、*Rsv1+Rsv4* 或 *Rsv1+Rsv3+Rsv4*，能對 G1 到 G7 都產生較強抗性。

利用 SC1 到 SC22 的 22 個中國病毒株系找到的大豆抗性基因，命名為 *Rsc* 基因家族。*Rsc* 基因的抗性篩選是與 SC 株系互相配對的，例如 *Rsc4* 能抗 SC4，*Rsc5* 能抗 SC5，如此類推。

由山東省農業科學院系統選育和雜交育種選育出的齊黃 1 號中帶有 *Rsc3* 及 *Rsc3Q*、*Rsc4*、*Rsc12*、*Rsc14Q*、*Rsc20* 基因；齊黃 22 中帶有 *Rsc12*。此外，由中國科學院遺傳研究所林建興等育成的科豐 1 號中帶有 *Rsc5*、*Rsc7*、*Rsc8*、*Rsc18* 基因。大豆 Dabaima 中帶有 *Rsc14* 基因。

科研人員將齊黃 1 號、科豐 1 號、Dabaima 和南農 1138-2 幾種大豆進行抗性基因聚合育種，成功將 *Rsc4*、*Rsc8*、*Rsc14Q* 基因聚合，結果顯示能對 SC1 至 SC21 都產生抗性。

除了 *Rsv* 和 *Rsc* 基因家族，仍然有其他寄主基因與大豆花葉病毒抗性相關。在常規或分子標記輔助育種以外，轉基因育種也是一種產生抗大豆花葉病毒新大豆品種的手段，例如利用基因沉默法令病毒基因失效便是一種常見策略。

大豆胞囊線蟲 [55,56,57]

大豆胞囊線蟲是一種寄生蟲病，在農業研究分類上，寄生蟲歸在病害類而不是蟲害。顧名思義，大豆胞囊線蟲是感染大豆的線蟲，那麼胞囊又是指甚麼呢？原來是老死後的雌蟲。

大豆胞囊線蟲的卵是藏在胞囊內的，一齡幼蟲在卵內發育，孵化長成二齡幼蟲。二齡幼蟲口部有針狀結構，刺破大豆根的表皮入侵，寄生在大豆根部，吸取大豆養分，然後發展成三齡幼蟲和四齡幼蟲。變成成蟲後，雌雄會進行交配，雌蟲老死便形成胞囊，裡面全是卵和幼蟲，有胞囊的保護，卵和幼蟲可以在沒有寄主下存活 7–10 年。

最常見的大豆胞囊線蟲品種是 *Heterodera glycines*，利用鑑別大豆 Pickett、Peking、PI88788 和 PI90763 作抗性分辨，可以把 *Heterodera glycines* 再分為 16 個小種，後來有科研人員用更多鑑別品種作更仔細的調研，把 *Heterodera glycines* 分成不同的 HG 組別。

2016 年韓國發現了新的大豆胞囊線蟲 *Heterodera sojae*，2018 年在中國江西也有發現。相關的研究已經開展，但以下的討論我們會集中在 *Heterodera glycines*。

大豆胞囊線蟲會令植物根部受損，影響運輸功能及減少根瘤數目，還

會誘發其他病原體侵染。它是一個世界性的問題，差不多影響了所有大豆主產國。在美國，它引致每年 10 億美元的經濟損失。在中國，11 種胞囊線蟲小種分佈在 22 省，其中 1 號、3 號小種，以及 4 號小種分別威脅東北和黃淮海這兩個大豆主產區，帶來每年高於 1 億 2,000 萬美元的經濟損失。

用農藥來抗制大豆胞囊線蟲成本高昂，而且可能會污染環境。至於用農作物輪作，雖然可以阻斷傳播鏈，但胞囊內的卵和幼蟲可以在土壤中存活多年，很容易捲土重來。有些新研究指出，通過生物防治，如有效利用能針對大豆胞囊線蟲的真菌和細菌，亦是一種可能方案。

尋找對大豆胞囊線蟲有抗性的大豆品種，了解它們之中帶有的抗胞囊線蟲基因，並利用這些具抗性的親本進行遺傳育種，目前是大豆生產中一個重要的任務。

中國擁有世界最豐富的大豆種子資源，在上世紀 90 年代開展了大規模的大豆胞囊線蟲抗性品種篩選，在多於一萬份大豆種子資源中，選出了百多種具強抗性和廣譜抗性的大豆，到 2006 年確立了 28 種大豆作為抗大豆胞囊線蟲育種的核心材料，此後還陸續找到新的抗性育種材料。

美國科研人員在抗大豆胞囊線蟲育種上起步得很早。自從 1954 年美國首次發現這寄生蟲，其後迅速廣泛蔓延，1966 年 C. A. Brim 和 J. P. Ross 兩位大豆專家利用引進自中國的大豆 Peking，育成第一個抗大豆胞囊線蟲品種 Pickett。經過多輪對大豆種子資源的篩選，大豆 PI88788、PI209332 和 Peking 成為美國抗大豆胞囊線蟲育種的主要抗源，在上世紀 90 年代美國中西部的抗大豆胞囊線蟲商用大豆

中，有九成是由 PI88788 育成的。此外，利用能抗多個小種的大豆 PI437654，亦育成了具抗性的品種如 Harwing 等。

抗大豆胞囊線蟲的兩個主要基因是隱性的 *rhg1* 和顯性的 *Rhg4*。*rhg1* 可以分為兩種等位基因 *rhg1a* 和 *rhg1b*，大豆 Peking 和 PI437654 同時帶有抗性基因 *rhg1a* 和 *Rhg4*，大豆 PI88788 則擁有 *rhg1b*。

隨著抗性大豆的大規模應用，選擇壓力便會令田間陸續出現可令大豆抗性失效的大豆胞囊線蟲新小種。在中國發現的 X12 便是一個例子，這新小種似乎可以感染大部分大豆，是令人憂心的情況。大豆育種家要與這寄生蟲作時間競賽，尋找新的抗性大豆，相信具豐富生物多樣性的野生大豆，會成為重要的研究對象。

大豆蛀莢蟲 [58,59,60]

大豆害蟲主要分為蛀莢害蟲、食葉害蟲、莖根蟲和吸汁害蟲（Box 5.10，見前）。

大豆蛀莢害蟲包括中國北方主要大豆害蟲大豆食心蟲（*Leguminivora glycinivorella* Matsumura，屬鱗翅目小卷葉蛾科）；中國南方主要大豆害蟲豆莢螟（*Etiella zinckenella* Treitschke，屬鱗翅目螟蛾科）；以及分佈於北京、江蘇、湖南、湖北、安徽等地的大豆莢癭蚊（*Asphondylia ervi*，屬雙翅目癭蚊科）。

大豆食心蟲幼蟲會蛀入豆莢咬食豆粒，一般年份蟲食率為 10-20%，嚴重時可達 30-40%，個別年份可達 50% 以上。大豆食心蟲幼蟲一年一代，老熟幼蟲在土壤中越冬後，7-8 月間化蛹成蟲，8 月間雌雄

交配並在大豆嫩莖上產卵。幼蟲孵化後先蛀入莖中，再進入莢內為害，9月開始陸續離開豆莢，躲進土壤作繭越冬。

防治大豆食心蟲的方法包括使用具抗蟲性大豆品種，中國大豆工作者過去進行了數次調查，鑑定了一系列的抗蟲材料。例如王克勤等對 100 份黑龍江大豆進行蟲莢率和蟲食率等綜合評價，選出適合當地使用的黑農 40、墾農 4 號、墾農 5 號、合豐 25、墾豐 8 號、墾農 18、墾鑒豆 3 號、合豐 39 等高抗性大豆。

此外，亦可以通過輪耕隔斷傳播鏈，或是在秋季翻耕增加幼蟲死亡率。在田間掛上黑光燈（發射長波紫外線和少量可見光的燈）誘殺成蟲，以及施加化學藥劑亦是方法之一，但農藥可能會對環境做成化學污染。生物防治是現代農業主要手段之一，在適當時機施加這些天敵，可以有效減輕大豆蟲害。大豆食心蟲的天敵昆蟲有寄生在蟲卵的螟黃赤眼蜂，以及寄生在幼蟲的中華齒腿姬蜂和食心蟲白繭蜂。真菌白僵菌也可以寄生在大豆食心蟲幼蟲，蘇雲金桿菌和殺螟桿菌等亦可以產生毒殺的作用。

豆莢螟為害多種豆科植物。中國南方大豆一般受這害蟲蛀莢的比率為 10–20%，輕者約 5%。

豆莢螟卵期只有幾天，孵化的幼蟲在莢上爬行或通過吐絲懸垂在莢之間轉移，幼蟲會做一個白絲囊，在囊下蛀莢食粒，末齡幼蟲會離開豆莢，在土中結繭，然後變成蛹，羽化（由蛹變成成蟲）後雌雄交配產卵。

豆莢螟在一年內可以利用不同寄主多代繁衍，在南方的廣東和廣西省，一年可以有 7–8 代，較北的地區如陝西省和遼寧省南部則只有 2–3 代[61]。以廣東省 8 代區為例，成蟲在 2 月出現，先侵襲苕子或

其他豆科植物，4–5 月為害春大豆，6–7 月轉向豇豆或其他豆科植物，8 月為害夏大豆，10–11 破壞山毛豆和木豆，12–1 月成熟的幼蟲入土越冬。

豆莢螟的防治方法包括種植結莢期能避開豆莢螟成蟲產卵期的大豆、減少豆田附近中間寄主數量、田間掛上黑光燈誘殺成蟲、應用化學農藥等。生物防控可以如大豆食心蟲一樣，利用寄生蜂，或是在末齡幼蟲入土前施加白僵菌、蘇雲金桿菌、殺螟桿菌等。

大豆食葉蟲 [62,63,64]

大豆食葉害蟲是大豆害蟲中最多的一類。崔章林和蓋鈞鎰等在 1983–1984 年和 1990–1994 年在南京進行大型普查，利用黑光燈誘捕，結果顯示大豆食葉性害蟲包括鞘翅目、半翅目、同翅目、鱗翅目、直翅目等共 21 科 49 種。

鱗翅目的幼蟲是大豆蟲害最多的一類，而且為害最重。鱗翅目的成蟲是蝶和蛾類，是植物界的主要傳粉媒介。這些成蟲口部結構（稱為口器）像吸管，用來吸取花蜜。但蝶和蛾的幼蟲，即是我們常見的「毛毛蟲」的口器卻是咀嚼式的，嚴重時可以把整片葉吃掉，對產量影響甚大。

鱗翅目中夜蛾科和螟蛾科擁有最多的大豆食葉蟲，包括國際上最重要的黎豆夜蛾、大豆尺夜蛾和玉米穗螟，以及中國最重要的斜紋夜蛾、大造橋蟲和豆卷葉螟等 [65,66]。

同翅目的大豆蚜蟲（*Aphis glycines*）、半翅目的大豆蝽類害蟲，以及

蛛形綱葉蟎科的紅蜘蛛都有刺吸式口器，在葉片、嫩芽和生長點植物組織吸取汁液，影響大豆生長發育。大豆蚜蟲的生長周期呈不完全變態，只有卵、若蟲和成蟲三個階段，沒有蛹。若蟲和成蟲都會吸取大豆汁液為害，可以令大豆結莢減少、豆粒變小，嚴重時減產達40%[67]。此外，大豆蚜蟲在吸汁的過程會傳播大豆花葉病毒，進一步影響大豆生長。

大豆食葉蟲種類繁多，而且一般會有多個寄主，爆發情況亦會因應種植的大豆品種、鄰近的寄主、溫度和降水等天氣狀況而改變，所以很難全面防控。紓緩措施主要包括用黑光燈誘捕成蟲、黏貼劑捕捉、化學品驅殺，以及篩選和種植抗蟲品種等。

捕捉的成效有限，頻密使用化學殺蟲劑會引致害蟲產生抗性。利用傳統遺傳學製作基因連鎖圖譜，或是近年基因組學的關聯分析，科研工作者希望能育成抗蟲大豆新品種，但仍未有高效、穩定、廣譜的抗蟲大豆可供農民大規模使用。

利用轉基因技術是另一種選擇。在上文有關轉基因技術的段落中提到，蘇雲金芽孢桿菌會製造能殺死昆蟲的 BT 毒蛋白，利用轉基因手段令農作物製造 BT 毒蛋白，是一種有效防蟲方法，在玉米和棉花中被普及使用。雖然研究已經成功地造出抗鱗翅目昆蟲（大豆主要食葉蟲屬於這個目）的 BT- 大豆，但近年遇上了昆蟲產生抗性的問題[68]。南美阿根廷早在 2012 年便批准 BT- 大豆商業種植，到 2021–2022 年度更佔總大豆種植面積 70%，但伴隨而來是抗 BT 害蟲，需要另外施加化學農藥來輔助。至於在美國，BT- 大豆一直沒有被廣泛使用，孟山都公司更在 2018 年宣佈終止在美國的 BT- 大豆計劃。看來農民與害蟲的角力，還會持續下去。

莖根害蟲 [69,70,71]

亞洲地區為害大豆莖根的害蟲，主要是屬於雙翅目潛蠅科的潛蠅。潛蠅的一個特性是它們的幼蟲可以潛入植物的組織內，用刮吸式口器取食組織內的活細胞，把內部掏空，形成潛道。

中國大豆田中以豆稈黑潛蠅（*Melanagromyza sojae Zehntner*）為害最重。豆稈黑潛蠅又名豆稈鑽心蟲，廣泛分佈在黃淮海和南方大豆主產區。豆稈黑潛蠅的成蟲會用腹部末端刺破葉片表皮，吸食葉肉汁液，在葉片上形成白色小傷孔。成蟲交配後會在中上部葉片的主脈附近產卵。幼蟲孵化後，會沿著主脈在表皮下一邊潛行，一邊吃掉裡面的組織和細胞，由小葉柄到葉柄再到分枝，最後到達主莖，蛀食髓部和木質部。末齡幼蟲會在莖壁上咬出一個羽化洞，然後在附近化蛹，羽化成蟲後會從這孔道鑽出。

其他影響較大的潛蠅有豆梢黑潛蠅，幼蟲潛道限於莖和梢髓部；豆稈蛇潛蠅，幼蟲潛道限於莖；豆根蛇潛蠅，幼蟲潛道限於莖基部至主根表層；和豆葉東潛蠅，幼蟲潛道限於葉片 [72]。

防治潛蠅的方法包括設捕網、施化學農藥、輪作、改變播種時期、培育具抗性品種等。

大豆疫霉根腐病 [73,74,75]

真菌是地球上一種主要生物，對環境中的物質循環至為重要。有些真菌還與人類食品有關，例如各種可以食用的菇類，以及用來製造發酵食物的麴霉。許多醫療用的抗生素也是來自真菌。但是，亦有一些真

菌會令動植物致病。

大豆真菌病害很多，能侵害大豆不同部位。中國大豆主要真菌病包括根腐病、鏽病、菌核病、灰斑病、霜霉病和紫斑病等（Box 5.10，見前）。

根腐病的症狀是上根部腐爛，這類病主要影響黑龍江和黃淮海大豆產區。致病原包括大豆疫霉（*Phytophthora sojae*）、不同種類的鐮刀菌（*Fusarium sp.*）、立枯絲核菌（*Rhizoctonia solani* Kuhn）和腐毒菌（*Phythium debaryanum* Hesse）。

在近年流行的中國大豆病害中，大豆疫霉根腐病是最嚴重之一種。這病害最早於 1948 年在美國印第安納州發現，1989 年開始在中國東北出現，現在已經發展成為一種影響全球大豆主產國的毀滅性病害，帶來每年約 10-20 億美元損失。

大豆疫霉根腐病的病原大豆疫霉原先被歸類為真菌，現代分類屬於卵菌綱的「類真菌」生物，它有很豐富的生物多樣性，產生許多不同病理型小種，令防控工作更加困難。

大豆疫霉喜歡潮濕涼爽的環境，在中國的主要肆虐地區包括黑龍江、山東等地的大豆產區，常年減產 10-30%，嚴重時減產 60-90%。

大豆疫霉的結構可以簡單分為菌絲和孢子，而孢子再分為卵孢子和游動孢子。大豆疫霉是在泥土中傳播的病原，休眠中的卵孢子可以在土壤中存活多年，而且能夠抵受低溫的環境，在寒冷的北方亦沒有越冬的問題。在合適的土壤水分和溫度條件下，卵孢子會萌發並形成菌絲，菌絲會產生帶鞭毛的游動孢子，游動孢子能感應大豆根部分泌

物，從而游向大豆根部，到達目的地後，游動孢子會放棄鞭毛，然後萌芽產生菌絲入侵大豆，菌絲在大豆根部細胞間蔓延，吸收大豆養分，又會通過有性繁殖產生大量卵孢子。

防治方法包括利用帶有抗病基因或是能耐病的大豆品種。雖然帶有抗病基因的大豆品種效率高，但對病理型小種有專一性，土壤中出現新病理型小種時，這些大豆品種便可能會失效。耐病大豆品種只能紓緩症狀，減少損失，好處是適用於更廣譜的大豆疫霉病理型小種。在農業措施上，減少低窪地、有效排出積水、實行輪作、適度使用化學滅菌劑等，都是常用的手段。

大豆亞洲鏽病 [76,77,78]

鏽病是一種由擔子菌門柄鏽菌目真菌所引起的植物病的總稱，主要症狀是受感染部位會因孢子積集而產生不同顏色的小皰點或皰狀、杯狀、毛狀物，嚴重時引致落葉，甚至整株枯死。研究發現有約 7,000 種真菌能引起不同植物上的鏽病。

大豆鏽病是由豆薯層鏽菌（*Phakopsora pachyrhizi*）和美洲豆薯層鏽菌（*Phakopsora meibomiae*）所引起。美洲豆薯層鏽菌在上世紀 70 年代便在中、南美洲出現，但症狀較輕。

豆薯層鏽菌引起的病害亦稱為大豆亞洲鏽病，1902 年在日本首先發現，1914 年開始在東南亞流行，1934 年在澳洲出現。1970、1975、1976 年分別傳到印度、非洲和波多黎各。直至 1994 年進入夏威夷，再於 2004 年首次到達美國本土。在南美大豆主產區，該病害於 2001 年傳入巴西和巴拉圭，2002–2003 年為巴西農業帶來達 100 億

美元的損失，其後亦於 2003 年傳入阿根廷。由於巴西夏季雨水豐富、氣候和暖，很適合豆薯層鏽菌生長，所以在當地為害甚大。在美國，影響的範圍集中在南方。在中國，北緯 27 度以南才是大豆亞洲鏽病的重病區。

豆薯層鏽菌能感染多種豆科植物，但以大豆為主要寄主。豆薯層鏽菌的夏孢子細小且重量輕，可以隨氣流傳送，夏孢子降落在葉面後，遇上充足水分和合適溫度（21-25oC）便會萌發形成菌絲，菌絲直接穿透葉片表層進入內部，快速生長令菌絲充塞細胞之間的空間。入侵葉片約 8 天後便會進行無性繁殖，形成夏孢子堆，3-4 天後開始釋放夏孢子，再感染其他葉片。基於對其他鏽病真菌的研究經驗，理論上豆薯層鏽菌會進行有性繁殖產生保護力強、能夠越冬的冬孢子來延續生命周期。但是，在田間未有明確觀察到冬孢子萌發，所以這方面的認知仍然貧乏。

防控大豆亞洲鏽病有幾個主要方向 [79]。利用化學殺真菌劑是常見的手段，在巴西每年需要施加三次，令種植成本每季增加約 20 億美元，但長期使用農藥會增加選擇壓力，加速抗藥菌種的出現。另一種常見方法是調節耕種方式，例如種植早熟大豆減少損失、田間監察和預警、清除其他寄主、採用輪耕隔斷病菌生長周期等。另外，生物防控是一種新概念，在溫室和試驗田中，在受豆薯層鏽菌感染的葉片上施加能群集在夏孢子堆的寄生真菌如 Simplicillium lanosoniveum，能夠減少豆薯層鏽菌的傳播，但在大豆田應用的功效仍然有待考證。

種植帶抗性大豆品種是最好的方法。目前已經發現了許多抗性基因，統稱為 Rpp 基因。不同的 Rpp 基因會對不同病理型小種呈專一性，如果單獨使用，大豆抗性很容易會因為田間病原菌群體內病理

型小種的改變而失效。所以，育種家會運用基因聚合法把不同的 *Rpp* 基因集中在同一大豆品種內，形成較廣譜的抗性。

要加強培育更有效的抗性大豆，可以從幾方面入手，包括在重要的大豆種子資源中發掘更多 *Rpp* 基因，例如野生大豆及其他大豆屬植物。亦可以研究非寄主抗拒豆薯層鏽菌的機理，從而尋找相關非寄主抗性基因，這些基因引起的抗性應該會屬於廣譜抗性。此外，利用轉基因技術，在大豆內形成能使豆薯層鏽菌基因沉默的系統，也是值得進一步探討的方法。

大豆猝死綜合症 [80,81,82]

大豆猝死綜合症是一種由鐮孢菌屬（*Fusarium sp.*）引起的真菌病，其中 *Fusarium virguliforme* 是主要病原之一，分佈在北美、南美、亞洲和非洲。*Fusarium virguliforme* 這種土傳病害大約在 1971 年傳入美國南部阿肯色州，現已遍佈各個大豆生產區，包括中西部的主產區，成為美國大豆主要病害，引致以億美元計的經濟損失。

Fusarium virguliforme 靠由無性繁殖產生的大分生孢子和厚皮孢子越冬，至今仍未觀察到這真菌有性繁殖的生長階段。當天氣適合，大豆幼苗開始生長的時候，孢子會通過根部入侵，並進入皮層組織製造菌絲，在根部至莖的底部生長。當病原體成功定殖在大豆根部後，在土壤濕潤的情況下會製造毒素，這些毒素可以沿著木質部向上傳播，到達葉片後令葉子萎黃和壞死，最終導致葉子和豆莢脫落。

Fusarium virguliforme 會在大豆根部產生大分生孢子來越冬，這些孢子可以在土壤和植物殘體中存留多年。在生長季節之間，*Fusarium virguliforme* 也可以以厚壁孢子的形式自由存在，這些厚壁越冬結構可以承受土壤內較大的溫度波動，甚至可以抵抗乾旱。

在美國和加拿大的研究指出，大豆猝死綜合症的嚴重程度與大豆胞囊線蟲群體密度呈正相關的關係。所以建議在受大豆胞囊線蟲害的大豆田中，要同時檢查大豆猝死綜合症的病原菌。

防控 *Fusarium virguliforme* 的方法主要包括延遲播種，避開病原菌生長旺盛的涼快和濕潤天氣，等到土壤較乾和地溫較高時才播種；疏水和翻土，令土壤疏鬆、透氣和減少水分積聚，增加土壤鹼度等，令病害較難傳播；加強大豆胞囊線蟲的防控，避免兩種病害產生協同效應；生物防治如應用叢枝菌根菌，阻截 *Fusarium virguliforme* 對大豆根部的入侵；亦可以應用抗 *Fusarium virguliforme* 和大豆胞囊線蟲的大豆品種，大豆對 *Fusarium virguliforme* 的抗性包括抗入侵、抗毒素兩大範疇，但真正能大規模應用的品種，目前仍然欠缺。

大豆細菌性病害 [83]

大豆細菌性病害對產量的影響一般較大豆真菌性病害為低，主要有兩種：由野油菜黃單胞菌，葉豆致病型，大豆變種（*Xanthomonas campestris pv. phaseoli var. sojense*）引發的大豆細菌性斑疹病，以及由大豆假單胞桿菌素（*Pseudomonas savastanoi pv. glycinea*）引發的大豆細菌性斑點病。

大豆細菌性斑疹病，又稱為「葉燒病」，初期感染在葉片呈淡綠小點，後來變成紅褐色，再形成小疤狀斑，病斑融合，形成大片組織枯死。莢上病斑初時是紅褐色圓形小點，後來出現褐色枯斑，病菌可以

在種子上存活四年。

大豆細菌性斑點病，初期在葉片呈淡綠水漬狀小點，後來變成黃色至褐色不規則病斑，濕度高時病斑上有白色菌膿，病斑融合會形成大斑塊。受感染的種子上有形狀不規則的褐斑，病菌在常溫下能存活七個月以上，低溫下可以存活七年。

兩種病菌都可以通過種傳和在土壤越冬，防治方法主要是實行輪作，用化學殺菌劑處理種子或初期發病的病株，以及篩選及應用抗病大豆品種。

寄生草和豆田草害 [84]

菟絲子是寄生草，可以入侵多種植物，為害大豆的主要有兩種：中國菟絲子（*Cuscuta chinensis* Lam.）和歐洲菟絲子（*Cusuta australis* R. Br.）[85]。這種寄生草主要靠線狀莖在寄主上以左向纏繞形式生長，並從一株傳到附近的植株擴散。菟絲子能開花結種子，種子可以在土壤存活五年以下，萌發的最好條件是溫度 25–35°C、濕度 20–25%。種子萌芽後必須在 10–13 日之內遇上寄主，否則會死亡，當長出的幼絲接觸寄主的莖後，馬上會形成吸根，進入寄主體內寄生生長，在濕度高的天氣下，每天可長 10 厘米。大豆寄主的養分不斷被菟絲子吸收，直至營養枯竭而死。

防治菟絲子的方法主要是實行大豆與非菟絲子寄主的禾本科農作物輪作或間作，藉此阻斷菟絲子的蔓延。此外，亦需要清除混雜在大豆種子中的菟絲子種子，用高溫處理堆肥，及時發現和清除，使用合適的除草劑等。

除寄生草外，大豆田中的雜草亦是減產主要因素之一。大豆田的雜草有四大類，包括禾本科雜草、一年生闊葉雜草、多年生闊葉雜草和沙草科雜草 [86]。紓緩田間雜草禍害主要靠除草，在大豆田中的除草方法大都依賴化學除草劑。在前文中我們提到在美國和南美的大面積大豆種植實踐中，經常會用到轉基因抗除草劑大豆，原因是要利用有效的除草劑清除雜草，但又不影響大豆生長。

5.5 | 大豆食品營養改良 [87]

大豆是世界食用油和植物蛋白的主要來源，所以培育高油和高蛋白質大豆是育種家的主要任務。大豆油分和蛋白質含量由多個微效基因控制，文獻中曾有 700 多個這類微效基因的報導，其中有 50 多個獲進一步核實。

這些微效基因的效應小，而且很受環境因素影響。例如溫度、水分、土壤、鹽度以及其他生物和非生物脅迫因素，對不同大豆的油分和蛋白質含量會有不同的影響，令大豆營養改良工作更加困難。

由於合成油和蛋白質都需要光合作用製成的含碳化合物，所以油和蛋白質的積累有著競爭關係。在大豆馴化和育種過程中，人們似乎是著重高油多於高蛋白質，所以現代栽培大豆有較高油分，以及較多和高油分相關的基因。相反，野生大豆含有較高蛋白質，在基因組內也有較多和高蛋白質相關的基因。

目前高油和高蛋白質大豆育種主要是靠田間篩選合適品種，然後再通過雜交把有效基因聚合，如果要做到精準育種，便要利用對大豆代謝途徑的知識，再加上轉基因或基因編輯等技術。

大豆種子油分改良研究 [88]

大豆種子油分主要組成是脂肪酸、甘油三酯和維生素 E。增加油分累積的其中一種手段是增加脂肪酸，加強相關代謝合成酶是一種可行策略。例如用轉基因技術，大量製造酰基輔酶 A：二酰基甘油酰基轉移酶（DGAT），可以提升種子內總脂肪酸含量 3%，但卻會降低蛋白質含量，若將 DGAT 進行遺傳工程改良，增強它對油酸的親和力，可以再增加 3% 油分。

增加甘油三酯是另一種手段，利用轉基因方法，大量製造 NAD+ 依賴性甘油 -3- 磷酸脫氫酶來加強甘油三酯合成，可以增加大豆油分達 20%，且不影響蛋白質含量，但減少了碳水化合物成分。用基因沉默方法，減少甘油三酯的降解酶，同樣可以增加種子油分。

改變源庫關係是另一種方法，大豆種子油體膜蛋白主要功能是幫助大豆種子油體的形成，以便有效貯存油分。研究發現利用轉基因技術增加油體膜蛋白，種子內會形成較多但較細小的油體，有利油分積聚。

大豆油分改良的研究，除了總量，質量也是很重要的。大豆油的質量主要取決於脂肪酸的成分。大豆油富含對人體心血管及免疫系統有益的非飽和脂肪酸，但是多元非飽和脂肪酸在大豆油生產和貯藏工序中，很容易氧化，從而產生消費者抗拒的味道。在大豆油製作中加入氫化程序可以解決大豆油氧化問題，但又會產生對人體有害的反式脂肪。

單元非飽和脂肪酸沒有嚴重的氧化問題，因此，培育高單元非飽和脂肪酸及低多元非飽和脂肪酸的大豆，可算是兩全其美。利用基因誘

變、基因沉默和基因編輯等方法減低脂肪酸脫飽和酶的含量，可以達到增加單飽和脂肪酸、減少多元非飽和脂肪酸，以及減少飽和脂肪酸的效果。有一些基因編輯製成的產品，已經開始投入生產[89,90]。在高油酸大豆的基礎上，再用分子標記育種方法加入高效率的 2-methyl-6-phytylbenzoquinol 甲基轉移酶基因，更可以提高大豆種子中維生素 E 的含量[91]。

大豆種子蛋白質改良研究[92]

大豆種子蛋白質含量的遺傳控制基礎並不如油分般明確，有可能受多於 200 個微效基因控制。雖然有一些例子成功選育高蛋白質大豆品種，但效果似乎都有地域限制。大豆種子蛋白質的代謝似乎有一個自我調節機制，個別蛋白質代謝基因功能若有缺失，其他基因會補上，令總蛋白質的含量維持基本不變。

大豆種子蛋白質的胺基酸成分改良，是另一個重要課題，因為大豆種子中有一種必需胺基酸——甲硫胺酸的含量低。通過改變原有的大豆蛋白質組成來調控胺基酸成分是最理想的做法，大豆種子中 7S - 伴大豆球蛋白和 11S 大豆球蛋白佔了總蛋白含量的 70%，其中 11S 大豆球蛋白富含甲硫胺酸和半胱胺酸，因此 11S 大豆球蛋白：7S - 伴大豆球蛋白的比例與大豆球蛋白甲硫胺酸和半胱胺酸含量呈正相關。雖然理論上調節這個比例是改良大豆的可能方法，但還未有很成功的應用例子。

轉基因技術在大豆胺基酸成分改良的應用，有幾個嘗試。通過導入富含甲硫胺酸的巴西果仁 2S 清蛋白基因，成功增加大豆種子內甲硫胺酸成分，可惜產品對部分人有致敏效果，這個故事我們在第三章已經有

介紹，在這章不再重複。有研究將富含甲硫胺酸的玉米醇溶蛋白基因在大豆中表達，但是效果並不理想。

另一種方法是改變代謝中的調控。細胞代謝途徑一般會有「反饋抑制」作用，意思是代謝物開始累積後會抑制產生它的合成酶，防止代謝物大量累積，利用對「反饋抑制」作用不敏感的合成酶，可以令代謝物的含量增加。有研究將擬南芥中的對胱硫醚「反饋抑制」不敏感的胱硫醚合成酶基因在大豆中大量表達，結果成功增加甲硫胺酸成分，且不影響大豆農藝性狀。通過基因編輯來令大豆本身的胱硫醚合成酶失去「反饋抑制」作用，可能是未來的發展方向。

抗營養因子和致敏原 [93]

大豆種子雖然營養豐富，但也有一些抗營養因子和致敏原，清除這些負因子，有助提升大豆營養價值。

大豆食品的一個常見問題是「豆腥味」，主要是因為多元非飽和脂肪酸被脂肪加氧酶氧化而產生。用高熱處理大豆種子來令脂肪加氧酶失活是一種方法，但這會增加成本和影響大豆蛋白質的品質。研究人員發現大豆內有三個脂肪加氧酶的基因，把三個基因的失活突變聚合在同一個大豆品種內，可以產生無「豆腥味」大豆，除了用天然存在的基因突變，亦有科研人員成功利用基因編輯令三個脂肪加氧酶的基因失活，也可以產生無「豆腥味」大豆。

大豆種子內有一種蛋白名為 Kuniz 胰蛋白酶抑制劑（KTI），可以抑制動物腸道中胰蛋白酶功用，因而減慢蛋白質的消化與吸收。人類食用大豆時必須先煮熟，令 KTI 失活。KTI 的製造是由一個主要基因（Ti）負

責，在大豆種子資源中已經找到 KTI 缺失突變，並成功利用分子標記輔助育種，培育無 KTI 大豆新品種。

7S - 伴大豆球蛋白會令部分人產生過敏反應，所以減少這種蛋白有助大豆營養改良，利用 7S - 伴大豆球蛋白的 - 亞基缺失突變體作為育種材料，已有一定的進展。

此外，大豆種子的主要碳水化合物是棉子糖和水蘇糖，兩者都不能被人類的腸道吸收。棉子糖合成酶是製造棉子糖和水蘇糖的主要代謝酶，研究發現利用棉子糖合成酶 2 基因缺失突變，可以有效減少大豆種子內棉子糖和水蘇糖含量。

最近有大豆科研人員成功把上述失效突變累合在同一個大豆品種之中，發現能夠同時移除五種大豆營養負因子 [94]。

5.6 | 大豆共生固氮 [95,96]

種植大豆對環境的好處是它可以與土壤中的根瘤菌產生共生固氮作用，因此加強大豆固氮能力是育種的一個目標。但是，共生作用牽涉與根瘤菌的互作，其中有很複雜的關係，亦受環境因素限制。例如在根瘤中的根瘤菌會從寄主中獲得營養，如果不限制地大量結瘤，一方面會為寄主帶來負擔，另一方面也會產生低固氮效率的根瘤，最後導致大豆減產。所以大豆本身有一套自我調節機制，控制根瘤數量，過多或過少根瘤都會減低大豆整體生長和固氮效率 [97]。

大豆固氮能力與土壤中氮含量呈負相關，為了提升固氮效率，有一種嘗試是篩選對土壤氮不敏感的大豆突變體，但後來發現這種突變的機理是令大豆對土壤中的硝酸鹽吸收和同化機制的缺失，雖然可以在土壤含氮高的情況下保持較高固氮作用，但整體的大豆產量卻會下降 [98]。

另外一個現象是，根瘤菌對寄主有一定專一性，擴闊根瘤菌的大豆寄主範圍，或是令大豆能夠與較多種類的根瘤菌進行共生作用，都是改進大豆固氮功能的可能策略。

與大豆產生共生作用的根瘤菌有兩大類：慢生根瘤菌（*Bradyrhizobium japonicum*）和中華根瘤菌（*Sinorhizobium fredii*）。研究發現大豆中的 *Rj2* 基因和 *Rfg1* 基因分別可以阻止某些慢生根瘤菌和中華根瘤菌對大豆寄

主的入侵，因而不能產生根瘤。選擇 *Rj2* 基因和 *Rfg1* 基因的大豆突變體，可以令大豆與更多的根瘤菌產生根瘤。從另一個角度看，大豆中 *Rj2* 基因和 *Rfg1* 基因的功能主要針對慢生根瘤菌和中華根瘤菌中的 NopP 分泌蛋白，NopP 分泌蛋白缺失的根瘤菌，會有更闊的寄主範圍 [99]。

在筆者的一項研究中發現，大豆在馴化過程中增加了在農田中固氮的能力。而且，不同大豆寄主配對兩種不同的根瘤菌時，固氮能力會有不同表現。例如美國的大豆品種大都對慢生根瘤菌有良好的反應，這種菌較能適應美國略帶酸性的土壤，但美國大豆品種對中華根瘤菌的固氮反應則較差，所以美國農民會在土壤中加入慢生根瘤菌，並排除中華根瘤菌。但是，中華根瘤菌較適應中國偏鹼的土壤，有一些中國大豆品種與中華根瘤菌亦能產生良好的固氮作用 [100]。由此可見，要加強大豆固氮作用，不但要考慮大豆寄主，還要考慮根瘤菌，這是一個大豆 根瘤菌組合整體表現的考量。

註

1 中國作物種子資源：https://baike.baidu.com/item/ 国家作物种质库 /5116047（最後瀏覽：2022 年 10 月 22 日）

2 中國種子法修改：http://www.gov.cn/xinwen/2021-12/25/content_5664477.htm（最後瀏覽：2022 年 10 月 22 日）

3 利用基因組技術研究大豆種子資源：Jeremy Schmutz 等 (2010) *Nature* 463(7278):178-183; Hon-Ming Lam 等 (2010) *Nature Genetics* 42(12):1053-1059; Moon Young Kim 等 (2010) *Proceedings of the National Academy of Sciences of the USA* 107(51):22032-22037; Zhengkui Zhou 等 (2015) *Nature Biotechnology* 33:408-414; Yanting Shen 等 (2019) *Science China Life Sciences* 62:1257-1260; Min Xie 等 (2019) *Nature Communications* 10(1):1216; Yucheng Liu 等 (2020) *Cell* 182(1):162-176.e13

4 Norman Borlaug：Rodomiro Ortiz 等 (2007) *Plant Breeding Reviews volume 28*, Chapter 1

5 中國雜交水稻：http://en.people.cn/n3/2019/0828/c90000-9610025.html（最後瀏覽：2022 年 10 月 22 日）

6 誘變育種：Liqiu Ma 等 (2021) *Frontiers in Public Health* 9:768071; 王雪等 (2018) 土壤與作物 7(3):293-302; Atsushi Tanaka 等 (2010) *Journal of Radiation Research* 51(3):223-233

7 同上

8 同上

9 同上

10 分子標記與大豆育種：Yudong Fang 等 (2021) *Frontiers in Plant Science* 12:717077

11 轉基因農作物：https://www.fda.gov/food/agricultural-biotechnology/science-and-history-gmos-and-other-food-modification-processes（最後瀏覽：2022 年 10 月 22 日）; Dennis Gonsalves (2004) *AgBioForum* 7(1&2):36-40; https://en.wikipedia.org/wiki/Golden_rice（最後瀏覽：2022 年 10 月 22 日）

12 「國際衛生組織」對轉基因食品的介紹：https://www.who.int/news-room/questions-and-answers/item/food-genetically-modified（最後瀏覽：2022 年 10 月 22 日）

13 帝王蝴蝶 (Monarch butterfly) 的個案：https://www.ars.usda.gov/oc/br/btcorn/index/（最後瀏覽：2022 年 10 月 22 日）

14 耐 Roundup 除草劑雜草：https://weedscience.missouri.edu/publications/gwc-1.pdf（最後瀏覽：2022 年 10 月 22 日）

15 抗 BT 害蟲：Bruce Tabashnik 等 (2013) *Nature Biotechnology* 31(6):510-521

16 中國轉基因農作物規定：http://www.moa.gov.cn/ztzl/zjyqwgz/zcfg/202206/t20220607_6401864.htm（最後瀏覽：2022 年 10 月 22 日）;http://www.moa.gov.cn/govpublic/nybzzj1/202206/t20220608_6401924.htm（最後瀏覽：2022 年 10 月 22 日）

17 基因編輯技術的應用：Nina Duensing 等 (2018) *Frontiers in Bioengineering and Biotechnology* 6:79

18 無反式脂肪基因編輯大豆：William Haun 等 (2014) *Plant Biotechnology Journal* 12(7):934-940

19 中國基因編輯農作物規定：http://www.moa.gov.cn/ztzl/zjyqwgz/sbzn/202201/t20220124_6387561.htm（最後瀏覽：2022 年 10 月 22 日）

20 溫度直減率：https://zh.wikipedia.org/zh-hk/ 溫度直減率（最後瀏覽：2022 年 10 月 22 日）

21 中國大豆「生育期組」：蓋鈞鎰等 (2001) 作物學報 27:286-292; Yuesheng Wang 等 (2006) *Genetic Resources and Crop Evolution* 53:803–809; Xueqin Liu 等 (2017) *Breeding Science Review* 67(3):221–232

22 MG0000「生育期組」的發現：Hongchang Jia 等 (2014) *PLOS ONE* 9(4):e94139

23 中國大豆生育期組零點標識：http://finance.people.com.cn/BIG5/n1/2021/0910/c1004-32223022.html（最後瀏覽：2022 年 10 月 22 日）

24 黑河 43：https://www.hlj.gov.cn/n200/2021/1025/c42-11023817.html（最後瀏覽：2022 年 10 月 22 日）

25 J 基因的發現：Sijia Lu 等 (2017) *Nature Genetics* 49:773–779; Yanlei Yue 等 (2017) *Molecular Plant* 10(4):656-658

26 同註 5

27 C4 水稻：https://c4rice.com/the-project-2/our-history/（最後瀏覽：2022 年 10 月 22 日）; https://www.eurekalert.org/news-releases/866537（最後瀏覽：2022 年 10 月 22 日）; Maurice Ku 等 (1999) *Nature Biotechnology* 17(1):76-80

28 同註 10

29 大豆高光效育種：杜維廣等 (2007)《大豆高光效育種》，中國農業出版社

30 「飛影中的光合作用」：Yu Wang 等 (2020) *The Plant Journal* 101:874-884

31 中國地形：http://www.tlsh.tp.edu.tw/~t127/yang2/chinageomorphlogy.htm（最後瀏覽：2022 年 10 月 22 日）

32 中國耕地紅線：http://www.gov.cn/xinwen/2016-06/23/content_5084811.htm（最後瀏覽：2022 年 10 月 22 日）

33 中國耕地分級：http://www.moa.gov.cn/nybgb/2020/202004/202005/t20200506_6343095.htm （最後瀏覽：2022 年 10 月 22 日）

34 中國大豆耐逆研究：林漢明等編 (2009)《中國大豆耐逆研究》，中國農業出版社

35 同上

36 大豆耐旱：Hina Arya 等 (2021) *Frontiers in Plant Science* 12:750664

37 同上

38 同註 34

39 叢枝菌根菌與大豆耐旱：Nicholas O. Igiehon 等 (2021) *Microbiological Research* 242:126640

40 大豆與澇災：Khadeja Sultana Sathi 等 (2022)《Managing Plant Production Under Changing Environment》(Mirza Hasanuzzaman 等編), 頁 103-134, Springer

41 同註 34

42 大豆耐鹽：Tsui-Hung Phang 等 (2008) *Journal of Integrative Plant Biology* 50(10):1196-1212; https://baike.baidu.com/item/盐渍土/2684536（最後瀏覽：2022 年 10 月 22 日）; https://zhuanlan.zhihu.com/p/153262945（最後瀏覽：2022 年 10 月 22 日）

43 同上

44 大豆耐鹽基因：Xinpeng Qi 等 (2014) *Nature Communications* 5:4340

45 同註 34

46 大豆與酸鋁：Shou-Cheng Huang 等 (2017) *AoB PLANTS* 9:plx064

47 同註 34

48 大豆病蟲害：王連錚和郭慶元編 (2007)《現代中國大豆》，第 17 章，金盾出版社

49 種傳和土傳致病源：https://kmweb.coa.gov.tw/subject/subject.php?id=26316（最後瀏覽：2022 年 10 月 22 日）; https://kknews.cc/agriculture/rog6enr.html（最後瀏覽：2022 年 10 月 22 日）

50 同註 34

51 同註 48

52 大豆花葉病毒 Kristin Widyasari 等 (2020) *Plants* 9:219; Jian-Zhong Liu 等 (2016) *Frontiers in Microbiology* 7:1906

53 同註 48

54 同註 52

55 同註 34

56 同註 48

57 大豆胞囊線蟲；Deliang Peng 等 (2021) *Phytopathology Research* 3:19; Janice Kofsky 等 (2021) *Scientific Reports* 11:7967; Terry L. Niblack 等 (2002) *Journal of Nematology* 34(4):279–288; Shawn M.J. Winter 等 (2006) *Canadian Journal of Plant Science* 86:25-32

58 同註 34

59 同註 48

60 大豆蛀莢蟲：http://www.agri.cn/V20/gw/nszl/202006/t20200617_7429079.htm（最後瀏覽：2022 年 10 月 22 日）; https://kknews.cc/zh-hk/agriculture/m6py4z6.html（最後瀏覽：2022 年 10 月 22 日）

61 同註 48

62 同註 34

63 同註 48

64 大豆食葉蟲：詹秋文等 (2002) *中國農業科學* 35(8):1016-1020; Hao-Xun Chang and Glen L. Hartman (2017) *Frontiers in Plant Science* 8:670

65 同註 48

66 同註 64

67 大豆蚜蟲：Robert L. Koch 等 (2018) *Journal of Integrated Pest Management* 9(1):23

68 BT-大豆：Louis Bengyella 等 (2018) *3 Biotech* 8:464; https://www.dtnpf.com/agriculture/web/ag/crops/article/2018/05/09/monsanto-halts-plan-bt-soybeans-us（最後瀏覽：2022 年 10 月 22 日）; https://news.agropages.com/News/NewsDetail---42928.htm（最後瀏覽：2022 年 10 月 22 日）

69 同註 34

70 同註 48

71 大豆潛蠅：https://kknews.cc/zh-hk/agriculture/2y232vy.html（最後瀏覽：2022 年 10 月 22 日）; https://www.itsfun.com.tw/豆桿黑潛蠅/wiki-5394927-5202707（最後瀏覽：2022 年 10 月 22 日）

72 同註 34

73 同註 34

74 同註 48

75 大豆疫霉根腐病：https://extension.sdstate.edu/sites/default/files/2020-03/S-0004-59-Soybean.pdf
（最後瀏覽：2022 年 10 月 22 日）；https://www.zgbk.com/ecph/words?SiteID=1&ID=226617&Sub
ID=126723（最後瀏覽：2022 年 10 月 22 日）

76 同註 34

77 同註 48

78 大豆亞洲鏽病：Carlos Renato Echeveste da Rosa 等（2015）*Plant Pathology & Microbiology* 6(9):307;
Casper Langenbach 等（2016）*Frontiers in Plant Science* 7:797; Katharina Goellner 等（2010）*Molecular Plant
Pathology* 11(2):169-177

79 同上

80 同註 34

81 同註 48

82 大豆猝死綜合症：https://en.wikipedia.org/wiki/Sudden_death_syndrome（最後瀏覽：2022 年 10 月
22 日）；Claudia P. Spampinato 等（2020）*Plant Pathology* 70:3-12

83 同註 48

84 同註 48

85 菟絲子：https://baike.baidu.com/item/ 中國菟丝子 /7971420（最後瀏覽：2022 年 10 月 22 日）；
https://www.easyatm.com.tw/wiki/ 歐洲菟絲子（最後瀏覽：2022 年 10 月 22 日）

86 同註 48

87 大豆食品營養改良：Ailin Liu 等（2022）《Soybean Physiology and Genetics》（Hon-Ming Lam 和 Man-
Wah Li 編）第九章，Elsevier Science & Technology

88 同上

89 同註 18

90 大豆油份改良基因編輯產品：https://www.forbes.com/sites/jennysplitter/2019/03/05/trans-fat-free-
gene-edited-soybean-oil/?sh=72c039f24c91（最後瀏覽：2022 年 10 月 22 日）；https://www.canada.
ca/en/health-canada/services/food-nutrition/genetically-modified-foods-other-novel-foods/approved-
products/high-oleic-soybean/document.html（最後瀏覽：2022 年 10 月 22 日）

91 增加大豆維生素 E：Katherine Hagely 等（2021）*Molecular Breeding* 41(1):3

92 同註 87

93 減少大豆抗營養因子和致敏原：Sang Woo Choi 等（2022）*Frontiers in Plant Science* 13:910249

94 同上

95 大豆固氮：Brett James Ferguson（2013），《A Comprehensive Survey of International Soybean Research –
Genetics, Physiology, Agronomy and Nitrogen Relationships》（James E. Board 編）第二章，IntechOpen;
李新民等（1999）大豆科學 18(2):160-163

96 大豆與根瘤菌互作：Shengming Yang 等（2010）*Proceedings of the National Academy of Sciences USA*
107(43):18735-18740; Nacira Muñoz 等（2016）*Heredity* 117:84-93; Hafiz Mamoon Rehman 等（2019）
Frontiers in Microbiology 10:2569

97 同註 95

98 同註 95

99 同註 96

100 同註 96

SCIENTIST

第六章

人物篇

6.1 ｜ 中國大豆科研的先行者和開拓者

6.2 ｜ 「大豆回家」的科研之旅

中國現代大豆研究的發展，是由高瞻遠足的先行者，以及許多無私奉獻者共同努力開創的成果。儘管以往的條件很有限，但仍然出現了不少引領方向和敢於開創的科研領袖，亦有獨當一面的農業精英，更多的是不求聞達，只願為中國大豆默默耕耘的前輩和同行。近年政府加強了支持大豆科研的力度，多了許多磨拳擦掌、躍躍欲試的年輕生力軍，呈現一片欣欣向榮的新氣象。

在這一章，筆者只能選擇幾位代表人物，通過他們故事的一鱗半爪，讓讀者了解科學進步並非一蹴而就，農業科學尤其艱巨，需要多代人的共同努力和協作。篇幅有限，不能盡錄所有前輩和同行的重要建樹，懇請見諒。

為了向努力耕耘的大豆科研人員致敬，韓天富等開始編寫《中國大豆科技工作者傳略》，第一卷已出版[1]，介紹了386 位 1949 年或以前出生的大豆專家，讀者想知道更多，可以參考這本書。此外，劉榮志等編的一書介紹大豆科研人員的師生關係，從中亦可以了解中國農業科學的傳承[2]。

最後，筆者將分享在過去四分一世紀參與大豆研究的心路歷程，作為這本書的結語，盼望更多有志者成為同路人！

6.1 中國大豆科研的先行者和開拓者

從顯宦世家到大豆先驅的李煜瀛 [3,4]

中國古代有很多農書都提及大豆，主要是總結農民的經驗，至於利用現代科學研究大豆的第一位中國人是李煜瀛。李煜瀛，字石曾，生於顯宦世家，是清代同治皇帝軍機大臣李鴻藻的三子。1902 年，他隨駐法公使孫寶琦前往法國，開始學習西方農業技術，並運用在大豆研究之上。1905 年，「第二屆國際牛乳大會」在巴黎召開，李煜瀛以「植物奶」為題，講述豆奶的歷史和好處。1908 年，他在巴黎市郊開設中國豆腐工廠，一面為來自中國的工人提供教育機會，一面將生產豆腐機械化。1909 年，李煜瀛成功將豆腐等豆製品帶到當年在巴黎舉行的「萬國食品博覽會」。同年孫中山到訪法國，並參觀豆腐工廠，留下了深刻印象，及後在《建國方略》一書中，專門提到巴黎豆腐廠和豆腐對改善國民營養健康的重要。

1910 年，李煜瀛在北京出版《大豆》一書，用現代科學分析大豆的價值，同時論述大豆加工研究。1912 年他以中文版為藍本增訂內容，與法國農業技師 L. Grandvoinnet 合作出版法文 *Le Soja* 一書，這書很快被翻譯成英、德、意等文本，促進了歐美各國大豆生產的發展和大豆食品的傳播。李煜瀛亦是獲得歐洲豆腐和豆漿製作專利的第一人。

李煜瀛也參加了孫中山的革命，成功推翻封建帝制。面對當時中國科

學和知識落後的狀態，李煜瀛利用他在法國的人脈、豆腐工廠的經驗和收入，與蔡元培等發起「留法儉學會」，希望國民通過學習國外的新事物，轉化成為推動中國發展的力量。在留法勤工儉學人員中，產生了多位對近現代中國產生重大影響的政治家、社會活動家、藝術家和科學家。

李煜瀛亦參與籌建「故宮博物館」，更為其匾額題字。後來他從企業家和政治人物轉身成為教育家，最後在台灣離世。

中國大豆育種及生物統計學的奠基人王綬 [5,6]

王綬在清末出生於山西，小時候跟隨擔任私塾老師的父親讀書及耕種。1919 年入讀南京金陵大學農學院，1924 年畢業後留校任教，開始採集大豆和進行大豆育種。1932 年被送往美國康乃爾大學作物育種系深造，1933 年回國後任金陵大學農學院教授，抗日戰爭期間隨金陵大學農學院遷到成都，1941 年任西北農學院農藝系教授。抗戰勝利後，他回到南京，任農林部農業推廣委員會糧食生產組主任等職，負責農業發展，兼任金陵大學農學院教授。1957 年短暫擔任在北京的中國農業科學院作物育種栽培研究所首任所長後，1958 年調任山西農學院院長、一級教授，1972 年在山西離世。

王綬對推動中國大豆研究和育種事業的努力，可以稱得上是鞠躬盡瘁，影響深遠。抗戰勝利後，他在 1947 年發表了《論我國大豆業》一文 [7]，擲地有聲地說明了大豆對民生及國民經濟的貢獻，也警告中國對大豆的忽視，將會構成大豆業的危機，並提出各種大豆業的改良方案。他對中國大豆發展那份關切和深情，洋溢在這篇文章之中：「惟不可解者，即國人對此種與國計民生有關之大豆，並不十分重視，任

其自生自滅，以致危機四伏，前途暗淡，茶絲之殷鑑不遠，希朝野明哲，及早注意，亡羊補牢，幸勿遲疑……作者從事於大豆改良二十餘年，屢次為大豆吹噓呼籲，其動機純出於至誠，自問無絲毫自私的作用。」

中國今天遇上的「大豆危機」，王綬在 60 多年前已經預視了。

王綬著有多本重要書籍，都是早期中國大豆工作者及其他農業人員的重要啟蒙教材，例如《中國作物育種學》、《實用生物統計學》、《作物產量之研究》、《大豆栽培與良種選育》及《大豆栽培之研究》等等。

他也身體力行地育成重要的新大豆品種，早期在南京金陵大學期間，便育成高產的「金大 332」；在西北農學院期間，育成西農 506 及西農 509 等品種；在山西農學院工作時引領山西開展大豆資源研究及利用，育成含油量高的太谷早新品種；他的團隊後來亦發展了山西的晉豆、晉大系列育種工作。

通過言行身教，王綬致力培育大豆科研人才，當中包括馬育華、王金陵等第二代大豆科學家代表人物。馬育華及其研究生和主要助手蓋鈞鎰承傳和發展了「南農系統」，王金陵開創了「東北系統」，成為中國大豆研究和人才培養的兩大支柱。

承傳和發展南農學術譜系的馬育華與蓋鈞鎰 [8,9,10]

馬育華畢業於金陵大學農學院，其後留校擔任王綬的助教。抗日戰爭期間，與王綬一起隨金陵大學遷到成都，在抗戰期間遇上了貧病的纏擾，在王綬全力支持下度過了困境。1945 年，他前往美國伊利諾大學，一邊考察一邊學習，獲校方破例授予碩士學位。回國後短暫任職

北京大學農學院，旋即獲薦到加拿大薩斯喀徹溫大學與 J. B Harrington 教授進行合作研究，又在 Harrington 教授支持下再回到伊利諾大學，在著名大豆學家 C. M. Woodworth 指導下完成博士學位。在第四章中我們曾經提到伊利諾大學，它曾是美國大豆研究舉足輕重的中心，該大學在 1936 年成立了區域大豆工業產品實驗室，用現代科技開展大豆育種等各種研究，在那個年代，美國農業部唯一的大豆研究室就設在該校。

這段經歷令馬育華認識到美國大豆研究的實力，以及現代科學對大豆生產的重要。1950 年，馬育華回到母校金陵大學擔任農藝系主任，把海外學到的大豆知識引到國內。1952 年，金陵大學農學院與南京大學農學院合併成南京農學院。1954 年，他開始大豆地方品種研究，育成「南農」系列供長江中下游地方推廣。

馬育華的大豆研究曾因政治運動受到影響，但他並沒有因此而放棄。「文革」過後，馬育華在 1980 年派他的研究生和主要助手蓋鈞鎰到美國尋求合作機會，同時亦與聯合國糧農組織及國際植物遺傳資源委員會開展合作研究，推動國際協作與交流。

1981 年農業部在南京農學院設立「大豆遺傳育種研究室」，1985 年升格為「大豆研究所」，負起新大豆品種選育及建立大豆研究國家團隊的任務。馬育華在這期間領導的工作包括中美大豆親本配合力分析，以及南方大豆地方品種及優質種子發掘和研究等。

馬育華培育出來的中國工程院院士蓋鈞鎰，對南農系統乃至全國大豆科研和教育事業的發展貢獻突出。蓋鈞鎰在 1980 及 1988 年先後到美國愛荷華州立大學及北卡羅萊納州立大學進修，吸收先進國家的大豆知識，同時推動大豆研究的國際合作。他致力研究中國南方大豆地方

品種資源，共收集 15,000 份樣品，並運用數量遺傳學及群體遺傳學，分析大豆主要的經濟性狀遺傳機理，包括產量、品質、耐逆性、抗蟲性等。

1984 年南京農學院更名為南京農業大學，同年農業部批准在該校成立「國家大豆改良中心」，成為全國大豆科研和教育的樞紐，雖然南京不是大豆主產區，但該中心在學術研究和人才培訓方面佔很重要的地位。蓋鈞鎰曾任南京農業大學校長和「國家大豆改良中心」主任，建樹良多。這位院士治學嚴謹，著作等身，多年來為中國大豆的前途不遺餘力地奔走和呼籲。

在馬育華和蓋鈞鎰的培育下，南農系統產生了一批在大豆科研中獨當一面的中堅分子，例如宋啟建（任職美國農業部）、周新安、張孟臣、韓天富、邢邯、喻德躍、智海劍、王慶鈺、孫祖東及盧為國等。

中國大豆科研泰斗王金陵 [11, 12]

王金陵是中國著名的大豆遺傳育種家和教育家。他在 1941 年畢業於金陵大學，並成為王綬的助教。1943–1948 年間曾先後在陝西武功縣、中央農業實驗所和吉林公主嶺等地工作，1948 年秋加入在黑龍江哈爾濱新成立的東北農學院，成為農學系的首屆主任。

東北農學院在 1994 年與黑龍江省農業管理幹部學院合併成為東北農業大學，是首批成為中國「211 工程」重點建設大學之一。東北農業大學在 2006 年成為「國家大豆工程技術研究中心」的依托單位，可見該校在中國大豆科研的重要性。這一切發展和成就，離不開王金陵在「東農」的努力耕耘。

黑龍江是全國大豆主要種植區，王金陵的才華在這裡可以盡情發揮。他育成的大豆品種，包括高產、高油、早熟和耐寒品種，在東北發揮了巨大作用。單是「東農 4 號」，累計種植面積便超過 6,000 萬畝，經濟效益超過 10 億元人民幣。「東農 36 號」更打破大豆種植因低積溫氣候而產生的禁區，拓展了東北北部高寒地區的大豆種植區域。他的早熟品種在黑龍江北部高寒地區的累計種植面積達 1,100 萬畝，成為當地農民的重要收入來源。

除了育種，王金陵的另一重大成就是育人，執教 50 年，這位學術泰斗為中國培養出大豆科研梯隊，門下弟子大都成為獨當一面的大豆專家，例如王連錚、孟慶喜、王國勛、常汝鎮、楊慶凱、李文濱、武天龍、邱麗娟、韓天富、年海及王曙明等。

他在 90 多歲高齡離世後，中國大豆科研人員對這位老師仍然念念不忘，在 2017 年「第十屆全國大豆學術研討會」中同時舉辦了「王金陵先生百年誕辰紀念會」。中國工程院院士蓋鈞鎰在紀念專欄是這樣寫的：「回顧中國大豆科學的發展歷史，王金陵教授是里程碑式的科學家，由他開創了中國大豆研究新的時代。」

王連錚與他的「中黃 13」[13, 14]

王連錚畢業於東北農學院農學系，是王金陵的傳人之一。他於 1954 年畢業於東北農學院，20 世紀 60 年代初在蘇聯的季米里亞捷夫農學院進修。他曾擔任數個重要行政職位，包括黑龍江農業科學院院長、黑龍江省常務副省長、中國農業部（現更名為中國農業農村部）常務副部長及中國農業科學院院長等。

● 與王連錚（左）合影

這位在行政機關身兼要職的學者，一直不忘本行的科研工作，1981–1989 年曾擔任聯合國開發計劃署資助的大豆項目主任。在黑龍江省期間，他與王彬如共同育成了數個「黑農」系列大豆品種，亦進行了黑龍江省野生大豆調研和大豆生物技術研究。

王連錚在 1987 年成為中國農業科學院院長，對該院的大豆研究起了很大的促進作用。在該院任職期間，王連錚育成了著名的「中黃 13」大豆，是中國第一個獲得國際新品種保護權的農作物品種，亦是中國近 30 年來唯一推廣面積超過一億畝的大豆。

2018 年 7 月，中國科學院田志喜等人合力完成並發表了「中黃 13」基因組組裝的學術論文 [15]，為世界提供了中國版的栽培大豆參照基因組，質量媲美國際沿用已久的美國大豆 Williams 82 參照基因組。王連錚在同年 12 月離世，離世前能目睹「中黃 13」從中國大地走進世界學術舞台，亦算是添了一筆美好的注腳。

大豆種質資源守護者常汝鎮 [16, 17]

常汝鎮在東北農業大學研究院畢業,是王金陵培育出的另一位大豆界重要人物。他在 1966 年起在中國農業科學院從事大豆品種資源研究工作。自 1979 年開始,常汝鎮在全國進行中國大豆品種資源收集和評價,並主持全國野生大豆資源考察和搜集,橫跨 29 個省 1,019 個縣,獲得超過 5,000 份野生大豆,令中國野生大豆庫藏冠絕全球。

常汝鎮在中國農科院致力發展中國大豆長期存藏庫,完成 20,000 多份大豆資源農藝性狀鑑定及入庫,並領導編輯《中國大豆品種資源目錄》及其《續編》,成為中國大豆育種和研究的珍貴材料。常汝鎮數年前從領導崗位退下,其在中國農業科學院的大豆品種資源收集工作,由王金陵的另一位弟子邱麗娟接棒,延續這項重要使命。

2021 年 9 月,國家農作物種質(種質是學術名詞,一般可理解為種子)資源庫新庫在中國農業科學院建成,並投入試驗運行。它是全球保存能力最強的國家級種子庫,其中大豆種子收藏扮演了重要的角色。在走在世界前列的國家農作物種質資源庫背後,我們該感謝的是常汝鎮和其他在田間野外不懈地收集大豆品種資源的研究人員,不忘他們多年來的足跡和汗水。

「雜交大豆」始創人孫寰 [18, 19]

吉林省永吉縣發現過古代大豆,也出了個大豆科研工作者孫寰。孫寰 1966 年在瀋陽農業大學研究院畢業,師承作物栽培學家徐天錫。他在 1968 年開始到吉林省農業科學院工作,從事大豆研究。他曾經有機會到世界銀行工作,但最後選擇了大豆。

● 左圖、右圖分別與常汝鎮、孫寰合影

吉林省農業科學院大豆研究的主要場地在公主嶺，這個地方與大豆育種有深厚的淵源。中國東北最早的大豆育種工作，上世紀 20 年代便在「公主嶺農事試驗場」展開，例如曾在東北廣泛種植並成為早期中國大豆主要育種材料的「黃寶珠」大豆，便是在這裡育成。但當時日本佔領中國東北，公主嶺的農業研究是由日本企業「南滿鐵道株式會社」把持的。

同樣在公主嶺，這次中國大豆學者孫寰育成了全世界第一個雜交大豆「雜交大豆 1 號」。中國的「雜交水稻」是世界公認的中國特殊農業成果。雜交大豆的原理是類同的，簡單來說，孫寰找到了大豆雄性不育系、能夠保持雄性不育系繁衍的保持系，以及可以和雄性不育系雜交增產的恢復系。找到能成功配對的「三系」，是長期堅持的成果。由於大豆的蝶形花結構特別，需要有合適的昆蟲來授粉才能完成雜交過程，孫寰再進行雜交大豆授粉測試，確認風不能授粉，切葉蜂是理想

的蟲媒。

雖然這項成果還未被廣泛應用，但能夠在大豆中實踐雜交優勢，對未來大豆增產提供了重要的啟示。

總農藝師劉忠堂 [20,21]

黑龍江省農業科學院的總農藝師劉忠堂，是一位在大豆界中備受尊重的前輩，他在上世紀 70 年代育成的「合豐 25」，在 1987–1998 期間推廣面積連續 12 年超過 1,000 萬畝，冠絕黑龍江省 [22]，後來亦育成中國首個高抗灰斑病的大豆「合豐 30」。他十分著重育種與栽培的結合，由於黑龍江省有些農地長年單一種植大豆，引起了「連作障礙」，劉忠堂與團隊經過多年研究，分析了長年單一種植大豆引起的減產機理和提出相應對策。

1996 年他主持一項國家重點項目：「大豆大面積高產綜合配套技術研究開發與示範」，研究成果令每畝大豆平均增產超過 59 公斤，加速了中國大豆主產區黑龍江省內的大豆生產標準化和現代化的流程。

筆者每次拜訪黑龍江省，都會盡量找機會向劉忠堂討教，每次都有不同收穫。這位前輩捲起衣袖可以做田活，坐下來談話能詩善文、談笑風生、博古通今，與他對話，如沐春風。這樣的一位謙謙君子，為後學展現了名家的風範和謙遜。

中國根瘤菌的收藏家陳文新 [23,24]

在第三章內，我們談論過豆科植物的固氮作用，是需要共生根瘤菌

● 與劉忠堂（左一）合影

的。所以，要種出收成好、對環境有利的大豆，離不開根瘤菌。

在 2021 年以 95 歲高齡離世的陳文新，是中國科學院院士。上世紀 70 年代，根瘤菌研究是一個冷門課題，但陳文新認定這是一個影響深遠的項目，於是帶著團隊完成了全國 32 個省市中 700 多個縣的豆科植物結瘤調研，成功收集 12,000 多個根瘤菌樣本，成立了世界最大的根瘤菌株庫及資源數據庫，包括了數種新發現的中華根瘤菌屬（*Sinorhizobium*）菌株。

在往後的研究中，陳文新取得許多重要學術成果，改變了國際學術界對根瘤菌共生進化的理解。研究亦闡明了植物品種、根瘤菌與環境之間的互為關係，說明三者之間若能互相配合，將會產生更佳的固氮效果。

陳文新發現大豆共生根瘤菌有明顯的地理分佈，慢生根瘤菌屬

（*Bradyrhizobium*）較多出現在偏酸和中性土壤，而有快生特性的中華根瘤菌屬（*Sinorhizobium*）則主要分佈在偏鹼性的土壤。筆者認為這個發現對中國大豆生產有一定的指導意義，以往美國的大豆專家都推薦為大豆接種 *Bradyrhizobium* 並排拒 *Sinorhizobium*，這可能是由於美國種植大豆的土地很多屬於偏酸和中性，但中國大豆種植區的土壤不少是偏鹼性，所以只要有合適配合的大豆寄主，*Sinorhizobium* 可能更合適中國大豆接種。

努力推動大豆科技入戶的韓天富 [25,26]

韓天富在東北農業大學博士畢業，然後在南京農業大學做博士後研究員，期間分別接受過王金陵和蓋鈞鎰的指導，可以算是同屬東北和南農譜系。1997 年，他開始在中國農業科學院開展大豆光周期研究和育種工作，是王連錚在中國農業科學院推動發展的大豆研究隊伍的主要成員。

筆者與韓天富相識於微時，知道他是一位率直、認真、有行動力、有抱負的人。他的家鄉在甘肅的民勤縣，民勤縣地處巴丹吉林沙漠和騰格里沙漠之間，乾旱、風沙、鹽鹼危害嚴重，曾經是一個貧困縣，他的家人亦經歷過飢餓，淪為難民，所以他對改善農民生活有一份執著。

中國政府農業部和財政部於 2007 年建立了現代農業產業技術體系，包括 50 個產業技術研發中心，韓天富獲委任為國家大豆產業技術體系首席科學家，有機會一展抱負。為了珍惜這來之不易的機會，這位「首席」經常跑到不同大豆生產區考察，了解真正生產情況，有時為了趕路，在車上吃個「夾饃」當午餐來爭分奪秒。

● 與韓天富（左）合影

通過招攬各具專長的科學家和在各大豆生產區設立實驗站，韓天富組織了一隊為大豆生產服務的跨學科、跨地域的綜合隊伍，努力將技術「入戶」，令新的技術能夠進入農民家中。他主編的《大豆科技入戶》一書，總結了各個地區大豆科技如何在當地成功實踐的經驗。近幾年，他帶領大豆產業技術體系的專家，在東北北部大豆主產區開展科技成果轉化「夥伴行動」，創造了大面積高產典型，帶動了當地大豆產業的發展。他們的成功實踐說明，經過科研人員和廣大農民群眾的共同努力，是可以改變農業命運的。

6.2 「大豆回家」的科研之旅

走進大豆科研世界

筆者慶幸有機會參與中國大豆的科研。當這本書的行文到了尾聲,希望能用餘下的篇幅,分享過去 20 多年的一些心路歷程,以及鳴謝在過程中的一些關鍵人物。一路走來,曾遇上許多大豆界的前輩,他們除了對科研有鍥而不捨的毅力外,還有承擔和願意作出犧牲的精神。他們對客人殷勤,對朋友誠懇,對晚輩提攜,正好是新一代科研人員的典範。

1996 年底筆者結束在美國的留學生活後,1997 年初開始在母校香港中文大學任教,心願是為中國農業盡一點綿力。筆者的博士學位是研究細菌的,博士後才轉為植物研究,但對象不是農作物,所以農業研究基本上是從零開始的。為了選擇研究方向,筆者拜訪了不同的科研前輩尋求意見。當時中國農業最熱門的研究材料是水稻,大豆屬於冷門課題。

在中國工程院院士范雲六的引薦下,筆者認識了中國農業科學院作物育種栽培研究所(現稱作物科學研究所)的邵桂花,後來她成為了筆者亦師亦友的忘年之交。邵老師把大豆源自中國以及其重要性娓娓道出,她從事大豆耐鹽研究幾十年,提到在一些日子,研究經費不足,

● 與邵桂花（右二）合影

發不出工資給田間工人，於是親自下田完成工作。「做研究不是為了發工資」，她說的這句話好像很不經意，但又是很深刻。她慨嘆在當時的條件和她年紀的限制下，未能完成心願找到大豆耐鹽基因。相對年輕的我對她承諾，這個任務可以交給我。這可不是信口開河的，它是筆者日後研究工作的重要標杆之一。

建立了互信後，她把有關大豆的知識毫無保留地傳授給我的團隊，也引領我到各地認識大豆和結交內地大豆界的朋友。這些朋友讓我更了解大豆研究的價值，以及農業科研人員對農業和農民應有的承擔。以下讓我分享幾個故事。

山西農業科學院劉學義的「晉豆」系列，在山西省是農民主要種植的大豆品種。筆者請求他引領我到黃土高坡去看當地農民的莊稼，他照顧有加，多次把筆者帶到山西和陝西偏遠的山區，了解農民的生活。

與劉學義（右一）合影

在呂梁山的黃土高坡上，是連綿的黃土和一片片的梯田，偶然會見到窰洞。梯田上有穀子（小米）、馬鈴薯，還有劉學義的大豆「晉豆21」，後來我和甘肅省農業科學院張國宏合作在西北研究和推廣耐逆大豆，很大程度上是受了劉學義的啟發。在我們的考察過程中，有一次遇上了一位農婦，她以為我們是政府官員，於是向我們申訴，原來在她出嫁後，娘家把她的地收回了，婆家沒有給她地，沒有土地，她如何謀生？土地對農民的重要性，不言而喻，能夠保護土地肥力的大豆，當然也不容忽視。

東北是中國大豆的主產區，要認識中國大豆，必須了解東北，所以筆者曾多次造訪黑龍江省，與黑龍江省農業科學院和東北農業大學等機構的大豆學者交流，不少人亦成為了筆者的合作夥伴和朋友。在劉忠堂、魏丹、周寶庫等朋友安排下，我有機會參觀東北地區大規模大豆生產的情況，目睹甚麼叫漫山遍野的大豆。拜訪黑龍江省農業科學院

時，有機會與當時的院長韓貴清交談，他向我分享了他的理念：「論文寫在大地上，成果留在農民家」。對於來自大學校園的筆者，這種理念是一個重要的提醒，科研成果除了發表在科學期刊上，更應該為人們的生活帶來真正的改變。

筆者的研究是運用基因組學、遺傳學以及分子生物學的手段來研究大豆種子，常汝鎮和莊炳昌兩位對於大豆種質資源知識的分享是重要的啟蒙。很多年前筆者訪問中國農業科學院，前輩常汝鎮興高采烈地講解中國豐富的大豆種質資源如何助力大豆研究和產業，他還讓筆者看看大豆種質庫，解釋如何建長期庫、中期庫和短期庫等等。這次短暫的交流，對筆者日後的研究思路具有深遠的影響。

此外，在一次學術會議上，筆者認識了吉林省農業科學院的莊炳昌，這位年輕、熱情且充滿活力的科研人員是野生大豆研究的主要推手，在與他的討論中，筆者學懂了許多野生大豆資源的獨特性和重要性，和他相約日後加強合作，用不同的科學手段共同推動野生大豆研究，可惜在一次意外中，莊炳昌不幸離世，實在令人惋惜。

一場激烈的國際科研競爭

大約在 2009 年，筆者組織了一個名為「大豆回家」的大豆基因組項目，意思是讓高端的大豆科研，回到大豆的起源地中國發展。筆者當時已經研究大豆多年，主要是用植物生理學和分子生物學手段，逐個基因去研究。當時新的基因組技術在人類研究的應用取得很大突破，看到新技術的巨大威力，筆者打算離開舒適帶，用新技術尋求在大豆研究中的突破。這是一項高風險、高成本的研究，而且美國科學家數年前已經提早起步，筆者接受這項挑戰，不免內心忐忑。

項目啟動的時候，美國科學家已經差不多要完成第一個栽培大豆基因組的建構，韓國科學家亦表示會建構野生大豆基因組。筆者與合作夥伴商量，打算以大豆基因組生物多樣性為主題，突顯中國野生大豆的特殊重要性。筆者曾向中國工程院院士蓋鈞鎰討教，問他是否認同我們進行這個大型項目，他勉勵筆者，只要是能幫助中國大豆發展的研究，他都會支持。也是因為他的鼓勵，筆者才有勇氣繼續在香港進行「大豆回家」的項目。

「大豆回家」項目的主要合作夥伴是地處深圳的「華大基因研究院」。到 2009 年時，「華大」已經是擁有龐大基因組測序和生物信息能力的機構，它在人類基因組、水稻基因組，甚至是熊貓基因組研究都有重大進展。筆者把握了一個難得的機會，向「華大」介紹大豆對中國的特殊意義，以及中國因為對進口大豆的依賴而引起的危機。「華大」的負責人汪健馬上同意進行這個大豆基因組合作項目，我們一同把項目命名為「大豆回家」，汪健還派出了年輕才俊徐訊代表「華大」參與，與筆者一起統籌這項工作，筆者也決定不惜代價，全力攻關。

2010 年 1 月，美國學者在《自然》雜誌率先公佈完成世界第一個栽培大豆基因組，用的是美國品種 Williams 82[27]。韓國學者亦力爭盡快完成韓國野生大豆測序，我們和「華大」的合作團隊要與韓國團隊進行一場大豆基因組科研賽跑，為了跑得快一些，有一段長時間，筆者經常一大早從香港過境深圳，與「華大」的合作者分析數據，把大豆論文一段一句地寫出來，到晚上才回家，真的有點像古代的「苦吟」。為了令「大豆回家」項目成果更有影響力，我們對 31 種大豆進行基因組測序，其中包括 17 種中國野生大豆。這樣一來，我們的工作量便超過韓國團隊的 10 倍，以當時的基因組測序成本計算，亦遠超筆者團隊的負擔能力，感謝香港中文大學的支持及「華大」的通融，項目才可以

在不受影響下繼續進行。

2010 年 12 月，我們成功把科研成果以封面故事形式在《自然・遺傳》
（*Nature Genetics*）雜誌上發表 [28]，這一項由全華班完成的工作，以全新
技術向世界展示中國野生大豆豐富的生物多樣性，也實現了把中國大
豆科研推向世界前列的夢想。韓國團隊的研究在 12 月稍後也成功發表
在《美國國家科學院院刊》[29]。

2010 年這三篇大豆基因組文章，為大豆研究引領出新的方向，也為基
因組技術在農作物的應用打了一劑強心針，接下來的幾年，中國和世
界大豆學者相繼利用更先進的基因組測序技術，為大豆研究帶來更多
突破。

從實驗室走到農田

2010 年在《自然・遺傳》上的文章發表後，許多朋友問筆者是否會進
行更多的基因組解碼，筆者的答案是不追求更多的量，而是應用的價
值。在上文曾經提及，剛進入大豆研究行列的時候，筆者曾經向邵桂
花承諾，會完成尋找大豆耐鹽基因的目標。

筆者利用與邵桂花一起努力多年才成功建立的大豆遺傳群體，將基因
組學結合遺傳學，與「華大」再度合作，決心要把大豆耐鹽基因找出
來。這次筆者沒有每天到深圳的「華大」，而是派出負責這項目的博
士生，有段日子這位博士生乾脆入住「華大」的員工宿舍。努力沒有
白費，我們終於找到了耐鹽基因，並且由筆者的另一位博士生完成基
因功能驗證。這個基因在大豆中發揮最主要的耐鹽作用，後來內地和
美國的學者分別也找到了同一個耐鹽基因，說明我們研究的準確性。

與張國宏合影

在大豆中利用全基因組測序法，分析遺傳群體，再獲得帶有獨特功能的基因，在當時還是首創的，我們的文章 2014 年發表在《自然‧通訊》雜誌上 [30]。接獲文章已被接納發表的通知後，筆者趕緊通知遠在北京的邵桂花，告訴她筆者當年許下的承諾已經兌現了。

雖然有了耐鹽基因，但仍屬紙上談兵，尚未能應用在農業上。筆者幸運地認識了甘肅省農業科學院的張國宏，與他一見如故，除了在學術上的衷誠合作外，我們還一起參加扶貧活動。記得有一次和他談到當我們退休的時候，最希望能擁有甚麼？留下甚麼？原來我們都不追求擁有大量財富，也不想只是產出學術論文，而是希望能夠留下農民用得上的研究成果。結合先進的基礎科學研究技術與傳統育種智慧，創造能令農民受惠的種子，成為了我們的共同目標。張國宏後來成為 2020 年「全國先進工作者」，是實至名歸的。

利用筆者的基因組資訊，加上張國宏的田間測試，我們成功育成三個新的耐鹽耐旱大豆品種隴黃 1 號、2 號、3 號，並將這些大豆無償地交給甘肅省農民使用，甘肅省的黃土高原一直受著乾旱和鹽漬化的影響，我們這些大豆可以派上用場。2016-2022 年，按當地機構的推算，三種大豆在甘肅累積種植面積超過 83 萬畝，雖然面積不算很大，但種植點卻能從東面的慶陽直到西面的酒泉，橫跨 2,000 公里的黃土高原和河西走廊。

這次能從實驗室走到農田，主要靠邵桂花的啟蒙和張國宏毫無保留的支持，項目也象徵將我們友誼的種子，播撒到西北的大地上。

獨行者快、眾行者遠

非洲有句諺語：「如果要走得快，自己一個走；如果要走得遠，大家一起走。」筆者相信可以通過更多科研人員協作，來拓展科學的新疆界。

2019 年，筆者帶領一個包括不同國家研究人員的團隊，完成組裝世界第一個高質量的野生大豆參照基因組，這是一件重要工具，可以為所有大豆工作者提供資訊，加快對大豆基因挖掘的研究。這個項目在 2009 年便開始，為了完成一個有實際用途的優質基因組，筆者差不多花了 10 年的時間，中間不斷提高對質量的要求，有幾次差不多要全部推倒從來。眾志成城之下，這項任務終於完成了，成果發表在《自然‧通訊》雜誌上 [31]。

累積了基因組的研究經驗的同時，筆者的團隊亦擴大了合作的網絡。通過與中國農業科學院的韓天富無間合作，我們分析了過去近百年在中國種植最廣泛的 134 種大豆的基因組 [32]，並發現這些重要大豆的基

因來源都較狹窄，結果指出利用新的大豆種子資源進行育種，可能會有很廣闊的發展空間。

筆者亦獲邀參加美國大豆學者主持的項目，包括栽培大豆參照基因組的升級及 1,100 種大豆的基因組分析 [33]。除此以外，韓國的 Gyuhwa Chung 教授亦與筆者成為好友和合作夥伴，一起研究他多年來收集到的野生大豆 [34]。

除了這些學術研究，筆者還希望能將在中國西北的例子，複製到有需要的發展中國家，以裨益小農戶。近年筆者選定了南非較乾旱的地區及巴基斯坦受熱浪影響的地區，希望與當地科研人員合作，協助小農戶種植合適的大豆。

這些工作都需要長時間的投入才能有成效，所以未必能夠由筆者來完成，還需要依賴後來者，就正如當年邵桂花未能親自找到大豆耐鹽基因，但由筆者來完成一樣。

為了推動香港農業科研力量的持續發展，這些年來，筆者組織了香港較年輕的學者參與農業研究，期望他們能將專長在農業課題中發揮，通過各種交流活動，包括訪問農業機構和到農村考察，與內地和世界各地結成合作網絡。

此外，筆者也努力調度各種資源，讓更多的訪問學者，特別是年輕學者來到香港進行學術交流活動，一方面幫助提升他們的科研能力，另方面亦讓香港的學生可以通過接觸來自不同地方的學者擴闊視野。這些訪問學者有許多來自中國各地，亦有來自南美和南亞的發展中國家的。

科學研究是多代人的共同旅程。前人的鋪墊，令這代人走得更遠，所以這代人的努力，亦是為了下一代人可以探索更新更遠的科學疆界。借用胡適在 1934 年在《大公報》發表的文章《贈與今年的大學畢業生》中的一段話，與所有大豆科研工作者共勉：「一粒一粒的種，必有滿倉滿屋的收。成功不必在我，而功力必然不會白費。」

註

1　中國大豆科研工作者：韓天富等編 (2014)《中國大豆科技工作者傳略 (第一卷)》，中國農業出版社；劉榮志等編 (2016)《當代中國農學家學術譜系》第五章，上海交通大學出版社

2　同上

3　同上

4　李煜瀛：https://www.sohu.com/a/165228420_711264(最後瀏覽：2022 年 10 月 22 日)

5　同註 1

6　王綬：https://baike.baidu.com/item/ 王綬 /3033218 (最後瀏覽：2022 年 10 月 22 日)

7　王綬論我國大豆業：王綬 (1947) 農業通訊 1(7):6-10

8　同註 1

9　馬育華：https://www.easyatm.com.tw/wiki/ 馬育華 (最後瀏覽：2022 年 10 月 22 日)

10　蓋鈞鎰：https://baike.baidu.hk/item/ 蓋鈞鎰 /5164371(最後瀏覽：2022 年 10 月 22 日)

11　同註 1

12　王金陵：https://zh.m.wikipedia.org/zh-hk/ 王金陵 _(大豆育种专家)(最後瀏覽：2022 年 10 月 22 日)；蓋鈞鎰 (2017) 大豆科學 6(6):382-383

13　同註 1

14　王連錚：https://www.caas.cn/xwzx/mtbd/293982.html(最後瀏覽：2022 年 10 月 22 日)

15　「中黃 13」基因組測序：Shen 等 (2018) SCIENCE CHINA Life Sciences 61 (8):871-884

16　同註 1

17　常汝鎮：http://www.neau.edu.cn/info/1194/55601.htm (最後瀏覽：2022 年 10 月 22 日)

18　同註 1

19　孫寰：https://baike.baidu.hk/item/ 孫寰 /4283291(最後瀏覽：2022 年 10 月 22 日)

20　同註 1

21　劉忠堂：https://www.seed-china.com/Info.aspx?ModelId=1&Id=3996(最後瀏覽：2022 年 10 月 22 日)

22　韓天富：https://ics.caas.cn/zwyzyzzxzz/rcdw/zgj/141713.htm (最後瀏覽：2022 年 10 月 22 日)；http://www.moa.gov.cn/ztzl/ddymdzfhjs/mtbd_29066/wenzi/202203/t20220324_6393735.htm(最後瀏覽：2022 年 10 月 22 日)

23　同註 1

24　陳文新：新京報 2021 年 10 月 11 日 A 13

25　同註 1

26　同註 22

27　Williams 82 基因組：Jeremy Schmutz 等 (2020) Nature 463(7278):178–183

28　三十一種大豆基因組：Hon-Ming Lam 等 (2020) Nature Genetics 42(12):1053-1059

29　韓國野生大豆基因組：Moon Young Kim 等 (2020) Proceedings of the National Academy of Sciences USA 107(51):22032-22037

30　大豆耐鹽基因：Xinpeng Qi 等 (2014) Nature Communications 5:4340

31　野生大豆參照基因組：Min Xie 等 (2019) Nature Communications 10:1216

32　近百年在中國種植最廣泛的 134 種大豆的基因組分析：Xinpeng Qi 等 (2021) Crop Journal 9:1079-1087

33　栽培大豆參照基因組的升級及 1,100 種大豆的基因組分析：Babu Valliyodan 等 (2019) The Plant Journal 100:1066-1082; Philipp E. Bayer 等 (2022) The Plant Genome 15:e20109

34　Gyuhwa Chung 教授的野生大豆：Muhammad Amjad Nawaz 等 (2020) Agronomy 10:214; Muhammad Amjad Nawaz 等 (2021) Genetic Resources and Crop Evolution 68:1577-1588

[書名]
一豆一世界——從大豆歷史、食品文化到現代經濟科研

[作者]
林漢明

[策劃]
郭婉鳳

[插圖]
杜鎧瑩

[責任編輯]
寧礎鋒

[書籍設計]
姚國豪

[出版]
三聯書店（香港）有限公司
香港北角英皇道四九九號北角工業大廈二十樓
Joint Publishing (H.K.) Co., Ltd.
20/F., North Point Industrial Building,
499 King's Road, North Point, Hong Kong

[香港發行]
香港聯合書刊物流有限公司
香港新界荃灣德士古道二二〇至二四八號十六樓

[印刷]
寶華數碼印刷有限公司
香港柴灣吉勝街四十五號四樓A室

[版次]
二〇二三年五月香港第一版第一次印刷

[規格]
十六開（160mm × 225mm）二六四面

[國際書號]
ISBN 978-962-04-5266-6

三聯書店
http://jointpublishing.com

JPBooks.Plus
http://jpbooks.plus